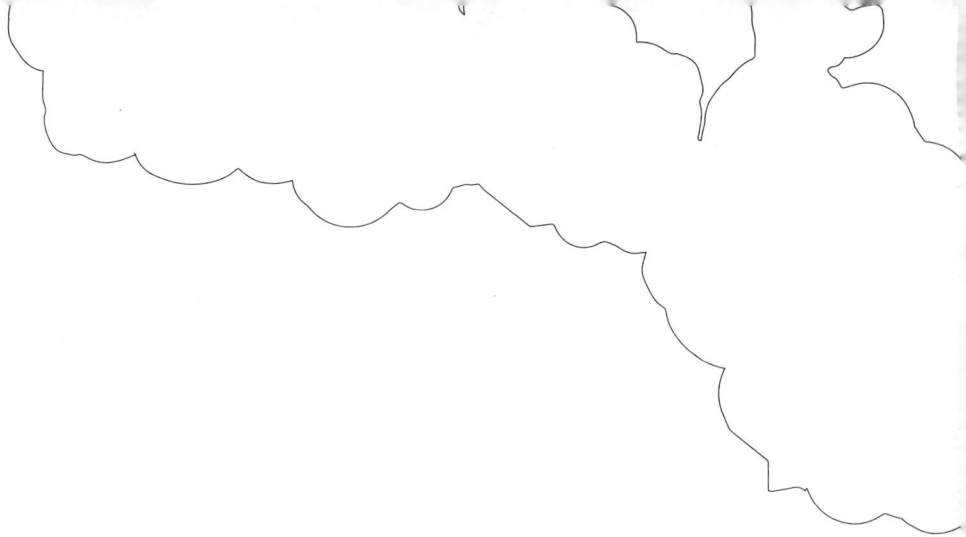

走神的艺术与科学

【新西兰】
迈克尔·C.科尔巴里斯
著

王婷 黄姝
译

the
Wandering
Mind

北京时代华文书局

图书在版编目（CIP）数据

走神的艺术与科学 /（新西兰）迈克尔·C. 科尔巴里
斯著；王婷，黄姝译 . -- 北京：北京时代华文书局，
2017.1
ISBN 978-7-5699-1343-9

Ⅰ . ①走… Ⅱ . ①迈… ②王… ③黄… Ⅲ . ①认知科
学 Ⅳ . ① B842.1

中国版本图书馆 CIP 数据核字 (2016) 第 312751 号

北京市版权局著作权合同登记号 图字：01-2016-2929

走 神 的 艺 术 与 科 学

ZOUSHEN DE YISHU YU KEXUE

著　者 | （新西兰）迈克尔 · C. 科尔巴里斯
译　者 | 王　婷　黄　姝

出 版 人 | 王训海
选题策划 | 牛瑞华　杜天宇
责任编辑 | 陈丽杰　袁思远
责任校对 | 陈丽杰　袁思远
营销编辑 | 娟　娟　文　阳
装帧设计 | 云中客厅 - 熊琼
责任印制 | 刘社涛

出版发行 | 北京时代华文书局　http://www.bjsdsj.com.cn
　　　　　北京市东城区安定门外大街 136 号皇城国际大厦 A 座 8 楼
　　　　　邮编：100011　电话：010-64267120　64267397
印　　刷 | 北京画中画印刷有限公司　　电话：13331117718
　　　　　（如发现印装质量问题，请与印刷厂联系调换）
开　　本 | 880×1230mm　1/32　印　张 | 7.25　字　数 | 150 千字
版　　次 | 2017 年 3 月第 1 版　印　次 | 2017 年 3 月第 1 次印刷
书　　号 | ISBN 978-7-5699-1343-9

定　　价 | 42.00 元

目录
Contents

导读
跟着大脑去旅行

　　还记得上一次，你在课堂上试图专心听讲的情形吗？又有多少个夜晚，你发誓要学习到天亮，思绪却在短短几分钟内飘散到九霄云外？

　　从小到大，我们被教育，分心是坏习惯，专心致志才是美德。佛教的开创者释迦牟尼，当年经历了六年的刻苦修行却不能顿悟，结果在菩提树下专心致志地冥想，最后竟然达到了却生死、超脱喜悲的涅槃境界。

　　佛祖尚且如此，更何况是居住在现代社会的普通人——形形色色的电子产品，无时无刻不在吸引着我们的注意力，想要全神贯注、心无旁骛，可真是一件难事啊！

　　不过，随着现代科学的不断发展，脑科学家迈克尔·科尔巴里斯提出了反传统的论调：走神不仅与我们的生活息息相关，而且在人类的演化历史上起到了至关重要的作用。

更令人惊讶的是，这位年事已高的脑科学家的作品一反其他脑科学书籍既厚重又晦涩的写作风格，全书通俗易懂，妙趣横生，仔细阅读的话，每一页都能找到许多新颖而有趣的信息。

全书分为九个章节，围绕着导致我们分心游神的"罪魁祸首"、大脑内掌管短期记忆与位置的器官——"海马体"展开，从生活的方方面面讲述了走神的艺术与科学：记忆、时间、神游未来、讲故事的演化、做梦以及幻觉，这些现象都与走神密切相关。

全书从作者对"分心有害论"的质疑开始，解释了记忆怎样成为走神的"培养皿"，人类又如何靠时间演化出神游过去与未来的能力，而这种能力让我们为可能出现的危机做好准备。

怪不得我们如此喜欢看电影，只需要观察一下我们对危机的痴迷，便能了解我所说的意思——无论是灾难片、惊悚片还是悬疑片，都有一个共通的原则：主人公的生存受到了威胁。

我们对故事的痴迷是其他动物所不具备的，而故事的前身，则是小狮子互相打闹撕咬般的"游戏"。

作者提到，假装的打斗为未来捕猎做好了准备，这也解释了为什么男孩比女孩更喜爱打闹，平常的游玩也以剧烈的肢体运动为主。

出现文字与语言之后，年长者懂得了如何叙述捕猎与采集的经验，这些经验就是最早的故事形式，年轻人得以学习到生存的知识，提升整个集体的生存概率。

另外，作为分心游神的"中央车站"，海马体让人类拥有了理解与欺骗的双重能力。即便我们陷入无意识的睡眠，大脑中的记忆仍在不断改变、重组，就连人类的梦境，也没能逃脱走神的魔掌。

除了以上这些趣味与专业并存的科普内容外，书中也不乏一些爆炸性的论点，比如第九章中，作者赞同了"药物的确能为我们的思想增添随机性"。不过他也提到了硬币的另一面：为了戒掉药物所受的痛苦十分巨大，"远远超过了药物引发灵感所带来的愉悦感"，而且"大部分的神经致幻类药品都是非法的"。

简简单单的走神，竟然隐藏了如此之多的秘密！其实，生活中看似简单的现象，有时比我们想象得更加深奥。正如《科学美国人》所讲：不管你长于哪个领域，精于哪种知识，都应该读一读《走神的艺术与科学》。

韩威明

前言
为"走神"正名

让我想想，我刚刚说到哪里了？

哦，对了，走神。

我妻子说她在读小学时曾因上课时走神看向窗外而被罚，或许她正在畅想自己策马奔驰之类的。当时她受到了鞭打——用小皮鞭狠狠地抽打手掌，幸好现在已经没有这种惩罚了。她委屈地说当时也有男生在望着窗外走神却没有被罚。可能是因为男生是公认的不可救药的"走神病"重症患者，根本无法集中精神。

即使成年以后，走神仍然带给我们负疚感，比如当我们结识新朋友时，常常一不留神就没听到他们的名字，于是只好说："嗯，不好意思，您的名字是什么来着？"可能是童年的经历使然，很多人都觉得走神是自己的过错。最近有一位朋友问我为什么他在公司的董事会上总是不能集中精力，好像席间只有他自己出现了问题。我告诉他其他参会人员肯定也在走神。研究表明，我们的思想每天有一半的时间都在走神。哪怕是在晚上，在我们入睡之后，思想仍然可以在梦中漫游，徜徉在广阔的天地中。因此，为了大家，尤其是为了我们大学老师这个群体，我觉得自己有责任为"走神"正一下名。

让老师和家长们烦恼的是，我们的生理结构决定了我们的大脑总是在集中精力和走神两种状态间来回转换。因此，走神并不一定是坏事。也许走神正是一种休息和放松，让大脑可以在精力高度集中的活动之后得以缓冲，又或者它能够给我们沉闷的生活增添一丝乐趣。但是，走神的作用可不止如此。在这本书里，我提出了走神所具备的很多富于创造性和适应性的特点——实际上，我们的生活离不开走神。在走神时，我们可以进行思想的时间旅行——我们的思想在时间里来回漫游，不仅可以在过去经历的基础上畅想未来，还可以形成关于自身存在意义的持续性的观念。走神赋予我们进入别人思想的能力，增强了我们对他人和社会的理解。通过走神，我们得以发明创造、讲述故事、开阔视野。无论是像华兹华斯那样如一片云般独自游走，还是像爱因斯坦一样想象自己乘着光束旅行，走神都为我们的创造力提供了助力。

在这本书里，我漫步于走神的高峰低谷，希望能为其正名。我努力完成了九章的内容，虽然各章节按一定顺序排列，不过每一章都可做独立的文章来阅读。在行文间我也偶有溜号离题，但似乎书名本身也算是一种默许。同时，本书无意于囊括走神的所有层面，也不能保证陈述得准确无误。毕竟，我们的思想都在以不同的形式游走。

在这里我也要感谢很多人。首先，芭芭拉·科尔巴里斯，我的妻子，谢谢她告诉了我第一个关于走神的故事，而且我们的思想总是一起溜号。我的儿子们，保罗和提姆，我的孙女，西蒙、丽娜、娜塔莎，都给予我很多帮助，他们为我走神的思想提供了很多好去处。还有我的同事们，我要感谢唐娜·露丝·艾迪斯、迈克尔·阿尔比布、布莱恩·博伊德、迪克·伯恩、苏珊娜·科金、皮特·瑞克、罗素·格雷、亚当·坎顿、伊恩·科克、克里斯·麦克马纳斯、詹妮·奥格登、马赛厄斯·奥斯瓦斯、大卫·雷迪什、贾科漠·里佐拉蒂、安妮·拉森以及安道尔·图威。另外我还要特别感谢托马斯·苏登多夫为本书的初稿提供了具有建设性的宝贵意见。

最后，我要感谢山姆·埃尔沃西和奥克兰大学出版社的团队，谢谢他们对我的信心和鼓励。我欠我的编辑麦克·瓦格一份特殊的感谢，他严谨缜密的编撰从各方面修正并完善了本书的内容。

如果你现在还没有走神的话，那么，请继续读下去吧。

第一章 蜻蜓的大脑，游走的思想

我们已经跨入了一个新的教育时代，这个时代推崇创新和解决问题，不再提倡"死记硬背信息和数据"。也许我们应该停止为自己的走神而自责，学着去享受做白日梦、放任思想遨游的乐趣 。

"我们得冲过去！"司令的声音像薄冰裂开一样。他穿着军礼服，布满流苏的白帽子拉得很低，只能看到一只冷灰色的眼睛。"如果您问我的话，我们冲不过去，长官，飓风要来了！""我没有问你，伯格上尉，"司令说道，"开足马力，把转速提到8500！我们冲过去！"气缸里的撞击声越来越大：哒——哒哒——哒哒——哒哒——哒哒——哒哒。司令盯着驾驶窗上不断凝结的冰，走过去拨动一排复杂的仪表。

　　"启动八号备用发动机！"他喊道。

　　"启动八号备用发动机！"伯格上尉重复喊道。

　　"三号炮塔准备！"司令又喊道。

　　"三号炮塔准备！"

　　在这架庞大、疾驰中的海军八引擎水上飞机上，各司其职的全体人员你看我、我看你，露出微笑，互相说着："这老头会领着我们冲过去的！""这老头什么也不怕！"

"别开这么快！你开得太快了！"米蒂太太说道，"你开这么快干吗？"

以上就是詹姆斯·瑟伯（James Thurber）的短篇小说《沃尔特·米蒂的秘密生活》（*The Secret Life of Walter Mitty*）的开篇，主人公米蒂先生是一位典型的空想家，当然，他是小说中的人物，所以他所有的白日梦都是作者瑟伯自己思想漫游时所想的真实内容。这种随意漫游的思想往往会成为小说，当然也可能会导致交通事故。

《钱伯斯字典》（*The Chambers Dictionary*）里对"漫游"这个词有多种定义，但下面这个我最喜欢：

漫游 wander：不及物动词。走失，偏离正道、讨论的主题、注意力的焦点等。

这个定义似乎认为思想和身体一样可以漫游。当我们应该集中注意力的时候，比如听课、开会或者开车时，思想漫游，即走神，经常会折磨我们。有时我们只想读本书，也会被走神的思想打断。加州大学圣巴巴拉分校的乔纳森·斯库勒（Jonathan Schooler）和他的同事们，让学生们花 45 分钟阅读托尔斯泰的《战争与和平》的开篇，过程中只要觉得自己走神了就按键。他们发现学生们在此期间平均走神 5.4 次。同时，他们还随机打断学生的阅读 6 次，来观察他们是否走神了还不自知，这样一来，学生的平均走神次数又增加了 1.2 次。所以，会走神的人不仅仅是你（可能你知道这些后会如释重负），我们所有人在集中精力方面都有问题，尤其是当我们集中精力想要读那些必须读的书，听那些必须听的课程讲座时。

好，现在你可以回神了！

有时，尽管你要完成的任务不是那么重要，但走神仍然很影响你。比如你在长途飞行时想要打个盹，可是你的思想就是不肯停下来，反而涌现一些枯燥的、令人不安的想法。可能你会盘算某个未定的事情，也可能你在担心即将来临的一个讲座。当然，我们的思想漫游也可以令人很开心——期盼一次家庭聚会，或陶醉于不久前的升职。有时候，我们的思想也会像陷进旋涡里一样原地打转，同样的想法不断重复。

往往，我们的脑海里会不断重复某个曲调或某段旋律，久久不能散去，就像卡壳的唱片似的。这种现象被称为"魔音绕耳综合征"，而那首烦人的歌曲被称为

"耳朵虫"。问题是，怎样才能摆脱这种状态呢？我的建议是把它传染给别人。马克·吐温在他发表于1876年的文章《文学的噩梦》（*A Literary Nightmare*）里提到过一段像病毒一样的旋律萦绕在他的脑海里达数日之久，直到他和他的牧师朋友一起散步时，才把这个苦恼传染给他的朋友，之后他再去看牧师时，发现对方十分痛苦——这种旋律对牧师的思想行为影响至深，以至于牧师在布道时也不由自主地按照那旋律的节奏，而聆听布道的大众也开始随着旋律摇摆。马克·吐温很同情牧师，后来帮助对方把这段旋律传染给了一群大学生。

这段问题重重的旋律的灵感来源是一块公示牌，上面写着电车价目表，作者将之改编为一首旋律朗朗上口的短歌，歌词如下（如果怕被传染可以跳过以下内容）：

售票员，你收钱，

检票时，当面检！

蓝色票，八分钱，

黄色票，六分钱，

粉色票，三分钱，

检票时，当面检！

（合唱）

检票了，伙计们！小心了，票要检！

检票时，当面检！检票时！当面检！”[①]

这段旋律后来还影响了流行文化。它先是在波士顿及附近地区，尤其在哈佛的学生中很有人气，而后越传越广。后来它还被翻译成了法语和拉丁语。罗伯特·麦克罗斯基（Robert McCloskey）在他的《荷马·普利斯故事集》（*Homer Price Stories*）中"馅饼、拳头和我们所知道的"一篇里使用了这段旋律。1972 年，这段旋律被应用在唐诺德·索信（Donald Sosin）的一首名为《第三条铁轨》（*Third Rail*）的单曲里。如今，这段旋律无疑已经淡出了大家的脑海，因为另一首烦人的歌曲已崛起并取代了它的位置，不过在这里我们最好不要提及那首新曲的名字，以免大家沾染上它无法摆脱。

走神时，大脑在做什么

尽管思想不集中，或者说思想走神、远离了手头的工作，但我们的大脑却还是保持着活跃的状态。这

---

① 歌词翻译选自颜林海《英美短篇小说解读与译赏》。——译者注

种说法的早期证据来源于一位叫作汉斯·伯格（Hans Berger，1873—1941 年）的德国医师，他意外从马上摔下，却没有受伤，真是万幸，但是他姐姐在几公里之外的家中却感觉到了他身处危险，央求父亲联系他。伯格将这一事件作为"心灵感应"的证据，他认为这种感应是通过物理能量的传播实现的，并且这种能量传播也许可测。1924 年，他在人的大脑前部和后部的头皮下分别埋入两个电极，记录这两个电极的电势变化情况，从而检测心灵感应。虽然电极成功地记录到了脑电活动，但是这种活动太微弱，不足以证明心灵感应的存在。这种技术后来被大家称为"脑电描记法"。当被测的对象处于闭眼休息状态时，其脑波图（即脑电活动记录）显示一组频率为每秒 8—13 赫兹的电压波动，当时被称为"伯格波"，就是我们现在所说的"α 波"。当被测的对象张开眼睛，"α 波"就会被一种更快的"β 波"所取代。在脑电描记技术后来的发展中，多个电极被置于人的大脑头皮上，能够提供信息显示大脑活动产生于大脑哪个位置。

后来，观测大脑活动的更加先进的技术被不断发明。20 世纪 70 年代，瑞典生理学家大卫·H.英格瓦（David H.Ingvar）和丹麦科学家尼尔斯·A.拉森（Niels

A.Lassen）向血液中注射了一种放射性物质，并用外部监测器追踪它在大脑中的路径。由于血液通常流向神经活动频繁的大脑区域，因此英格瓦发现，在人们休息时，大脑前部的活动尤其频繁，他将其描述为"无指向的、自发的、有意识的精神活动"，简单说来，就是走神。

从此以后，人们逐步设计了更加精密的方法来追踪血流，并将血流路径与大脑的解剖图像叠加在一起，呈现出更加精确的路径图。其中一种方法叫作"正电子发射型计算机断层显像"（PET），这种方法也要在血液中注射放射性物质；而另一种相对温和的方法叫作"功能性磁共振成像技术"（fMRI），这种技术利用一种强力的磁共振信号来检测血液中的血红蛋白。这两种方法都要将血流的路径与大脑的结构相重叠。这些方法被应用到临床研究中来探讨脑病理学。但特别要提到的是，近年来 fMRI 被越来越多地应用于测量和勾画正常人在从事简单脑部活动，如阅读、人脸识别、在脑中旋转物体时的大脑活动图。

通过这些方法，我们可以看到当一个人有任务和没有任务时大脑中哪些区域更加活跃。一开始，大家认为，当一个人精神不够集中时，他的大脑活动仅仅是背景神经噪声，就像旧收音机的静电干扰声。在研究既定任务（如读单词）下的大脑活动时，大家本以为可以直接忽略掉思想不集中、偏离给定任务时的神经信号，可是，大家发现走神的大脑的血流只比精神集中时低5—10个百分点，而走神时大脑活跃区域的面积比精神集中时还要更大。我们将所谓的静息状态下大脑的活跃区称为"默认模式网络"。来自密苏里州圣路易斯华盛顿大学的马库斯·雷切利（Marcus Raichle）在2001年创造了这个术语。他给我的信中曾写道："令我十分惊奇的是，它自己是有生命的，不论它的性质好坏。"

"默认模式网络"覆盖了大脑中的大片区域，除感知和回应外界的区域外，其他的区域基本都是"默认模式网络"的一部分。我们可以把大脑想象成一个小镇，人们在小镇中走来走去，忙自己的事情。当有大事件发生，比如有球赛时，人们就会聚集到足球场，而镇子的其他地方就会变得静悄悄的。还有少部分人从外面赶来看球赛，这时小镇里容纳的人数会略有增加。但是，我们对这个小镇感兴趣的原因并不是球赛，正相反，我们感兴趣的是小镇里的人平时做的各种各样的事情、他们的贸易往来，还有他们时不时地在自己的社区和工作场所里是如何闲逛的。大脑里各个部分的运行正如小镇里人们的时聚时散。也就是说，当思想没有专注在某些

"大事件"上的时候，它就在漫游、闲逛。

　　走神可以是有意识的，比如我们会刻意地回忆以前的事情，或者规划未来可能会做的事情。走神也可以是无意识的，我们会做梦、会幻想，这些事情不受大脑控制。有时，走神介于有意识和无意识之间，例如我们会为特定的目的展开想象——也许为了刻意考虑某些进退两难的局面，也许是为解开复杂的拼字游戏中的一个谜题——但在此期间其他的想法也会不期而至。就像美国喜剧表演大师史蒂夫·赖特（Steven Wright）所说的："我想专心做白日梦，可总是走神！"

　　走神和集中精力的关系就像是老鼠和猫。日本有一项研究，研究者让参加实验的人观看视频，同时记录他们的脑部活动。大部分时间，在被试者的大脑中与精力集中相关联的区域一直都很活跃，但在视频中的一系列事件之间的自然停顿时人们会眨眼，同时大脑也会自动转为"默认模式网络"。事实上，当要求所有人集中精力看视频里的某些东西时，人们会比平时眨眼更频繁以休息眼睛，这种现象就是大脑开始偏离正轨的信号！

走神对我们有害处吗？

有人说走神对我们而言不是件好事，甚至有项研究表明走神会令我们不开心。在这项研究中，研究者充分利用了智能手机时代的便利性，开发了一款APP，通过这个APP研究者们和来自83个国家的5000人取得联系，在白天不定期地询问这些人正在做什么。结果显示，当突然被问到这个问题时，46.7%的人正在想着的事情，与所做的事或者应该做的事无关。也就是说，他们正在走神。结果还显示，与不开心的事情相比，他们更倾向于走神想一些开心的事情。然而，就算是想一些开心事情，他们所获得的愉悦感也不如专心做事不走神的时候多。于是研究者最后总结道："走神的人并不开心。"可是，也有可能当研究者用APP的问题粗鲁地打断了人们的走神时，愉悦感也随之降低了。

但至少在某种程度上而言，与仅仅想象某件事情相比，真正去做这件事的确可以带给人更多的愉悦感。在上一段提到的研究中，给人带来最多愉悦感的事情是性爱，而仅仅想象性爱所获得的愉悦很显然不能与实际去做相提并论——当然，大部分情况是这样。更加概括地讲，我们可以制定令人快乐的计划，但真正的快乐是由实施计划时所带来的满足感决定的。相反，当我们害怕的事情在现实中发生时，却往往没有我们想象中的可怕。

还有更糟的消息。据说经常走神的人免疫细胞中的染色体端粒（位于染色体末端的重复排列的核苷酸）较短，这被认为是一种衰老的特征。看来"忧思太多，人易早逝"这种说法不是危言耸听。如果是我，我会尽量随身带点儿嗅盐以备不时之需——但是，我们也得记住，盐也会增加罹患心血管疾病和早逝的风险。

所以，现在你可能正在想为什么老天要让我们具备走神的能力？除了可能会带来不快乐和英年早逝，走神对驾驶的危害也不容小觑，同时也会妨碍我们正常的行事效率，比如走神会导致我们考试失败、错过约会，甚至外出度假时忘记炉子上还煮着东西。在我们的青少年时期，老师要求我们集中注意力，不要走神，这样才能更好地学习，当时我们因为精力不集中时常受到老师批评，这种批评所衍生的内疚感，也是走神会引起我们不快乐的部分原因。

作为成年人，当我们的思想没有集中在我们所做的工作（比如批改试卷或者分拣信件）上时，我们会觉得内疚。似乎很多人都经常感觉自己的工作很枯燥，幻想着可以做其他的事情，但又为自己分心幻想而感到内疚。走神所带来的负面影响使得我们不得不培养新的兴趣，于是我们开始研究所谓的"正念"——一种心如止水、将全部思想都集中于自身的冥想。据说佛陀曾对我们做出过如下建议：

> 身心健康的秘密在于不哀悼过去，不担忧未来，以真诚和智慧之心好好活过现在。[①]

冥想时，我们不去思索过去、现在的种种纷扰，也不去回忆曾经的欢乐和苦恼，我们按照指引只关注自己的内在，将注意力从身体的一部分转到另一部分，或者深入地体会自己的呼吸。我深信这种冥想可以令我们重新获得内心的平静，但大家也会心生疑惑，与走神相比，"正念"真的能帮助我们集中精力做好必须做的事情吗？

在大多数情况下，走神所带来的影响并不全是负面的。意大利的研究者发现过多地走神，甚至缺失了"持

---

① 实际上，这段话来自一本日语书的英译本，这本叫作《佛陀的教导》的书经常和《圣经》一起摆在酒店的房间里，给酒店的住客多提供一种阅读选择。

续的认知"——即沉思和担忧，可能在短期内对健康有不利的影响，但在一年后这种不利影响就消失不见了。似乎我们的思想注定要在走神和专注之间切换，不论我们喜欢与否，我们天生就具有走神的能力。在不断适应现有生活的过程中，我们需要片刻逃离现实，去反思过去的教训，理解别人的想法，思考未来的可能。总的说来，走神是创意的源泉、创新的星星之火，从长远看会带来幸福感的提升而不是降低。甚至有人说我们已经跨入了一个新的教育时代，这个时代推崇创新和解决问题，不再提倡"死记硬背信息和数据"。也许我们应该停止为自己的走神而自责，学着去享受做白日梦、放任思想遨游的乐趣。

在接下来的几章里，我会和大家一起探讨走神的基本组成元素，同时我们也会关注走神的适应性和进化起源。我会告诉大家就算是老鼠也会沉浸于神游。但是，紧接着我要先从走神的核心要素讲起，这个核心要素叫作记忆。

第二章 记忆：游走于过去的思维

认知心理学大师乌尔里克·奈瑟尔认为，记忆并不像回放磁带或者欣赏图画，它更像讲故事。而记忆的故事经常会直指过去，同样也会引向未来。

从某种意义上来说，我们所有的走神都取决于我们的记忆。没有记忆，思想将无处漫游。记忆为联想提供了素材，从而赋予了我们回顾过去、构建未来、产生想象的能力。哪怕再混乱的梦境，也是把记忆中的人物、地点、事件、胜利、失败杂乱地、奇怪地组合在一起。想要探究走神的真相，我们需要先研究一下记忆是怎样运作的。

记忆的构造并不简单，它至少包含三层结构，最基础的一层是我们习得的技能。走路、说话、骑车、弹钢琴、打网球、用智能手机发信息——这些都是我们自然而然就学会的技能。虽然根据人的正常生理机能，我们在幼年时期都无师自通地学会了走路，但婴幼儿时期的我们也曾花时间不断地练习这个新学会的技能。说话的能力似乎也是人天生就具备的，但是我们所学会的具体语言，甚至于我们所用的特定发音方式，都是来源于大量说话后的经验积累。世界上的语言有7000多种，包含着各不相同的发音规则，而我们每个人都牢牢地学会其中的某一种或者某两种。就算看上去差不多的两种语言，细究其内里，也竟有天壤之别[①]，甚至于随着孩子进入青少年阶段，父母会发现越来越听不懂孩子们在说些什么。

一旦学会，我们就会一直拥有某种技能。尽管高龄和关节炎最终会改变我们的身体状况，但我们始终不会忘了怎么骑车。但是，我们也可能失去一些技能，特别是那种年纪大了之后才学会的。我曾经陪着我四岁的儿子去学习竖笛，并且当时吹奏得还不错，可是现在我发现自己连一个指法都想不起来。随着我们慢慢变老，我们的语言能力也会减退，想不起来的词也会越来越多。在童年时，我们不费吹灰之力就能学会任何语言，可是成年后我们学习外语会十分吃力，特别是那些和我们母语的语法规则完全不同的外语，想要学会更是难上加难。我看着少年们用智能手机发送信息，大拇指在小小的字母键盘上翻飞，深深觉得这是一项我永远都不可能学会的技能。

---

① 乔治·萧伯纳曾经说过："英国和美国是被同一种语言分开的两个国家。"

有些技能会出现在我们走神的大脑中，尽管在现实中我们已经失去了这些技能，但在白日梦中，我们又重新获得了它们。我有时会幻想自己在打壁球或者曲棍球，带着岁月沉淀的熟练，但在现实中这些运动已经离我而去。看橄榄球赛时我会幻想自己从对方选手的人堆缝隙中挤出，带球得分，可这些现在都仅仅是幻想。走神幻想的一个好处就是我们可以在脑海里恢复一些不再具备的技能。但是正因为如此，我们也会变得不快乐，正如上一章提到的那样，我们突然被打断，迅速被拉回现实，有种幻想突然被夺走的感觉。

记忆的第二个层面是知识，也就是我们对世界的认知的集合。我们的知识是以百科全书和字典的结合体形式存在的，这同时也是一个体积巨大的存储系统。首先，这个系统包含了我们所知道的所有字词和它们的意思。本书的读者应该都拥有大概50000词的词汇量，我们认识并且在日常对话中使用的物品名、人名、动作、数量等等加起来也差不多是这些了。我们知道很多地名——城市、海滩、滑雪道、常去的咖啡厅。我们认识老师教给我们的一些术语——变格、拉丁语名词、水的沸点、光合作用的原理。人们将自己所知道的知识写成一本本的书籍，就像我现在正在努力做的事一样。

我们还了解身边人的很多信息。比如他们做什么工作、住在哪儿、有什么习惯、他们的网球打得如何、玩牌的时候会不会作弊，等等。我们甚至还会了解点儿自己——当然都是一些粉饰过的信息，和别人对我们的了解不太一样。当诗人爱德华·李尔（Edward Lear）在诗中描述自己时，他写出的也许是真相。

> 认识李尔先生真开心，
> 他写出了如此多的诗句。
> 有人说他脾气差又怪，
> 但也有人说他并不坏。
>
> 他思想实际、为人挑剔，
> 他的鼻子大得出奇。
> 他的长相多少让人害怕，
> 他的胡子十分像假发。

这首诗的后面也延续着这几句的风格，毫无疑问，既包含事实，又包含着诗人的遐想。

我们的大部分知识结构都是持续且稳定的，但我们也会忘记一些事实。我们的大部分知识都是在学校里学的，可是高中和大学的知识现在你又能记得多少？你可能以为没多少。不过，当你的孩子开始念书、需要你辅导的时候，这些知识又会一点点回来，比如牛顿的运动定律或者法国大革命的日期。虽然我们早期学到的知识可能会消失无踪，但我们的知识量依然庞大，这正是人类与众不同的标志。希腊诗人阿尔齐洛科斯（Archilochus）曾说过一段著名的话："狐狸知道所有的事，而刺猬只知道一件大事。"但是我们人类远超他们——至少我们是这么认为的。

记忆的第三层是关于我们生活中特定事件的记忆，这一层被大家称作情景记忆。正是在情景记忆中我们才会用到"记起"这个词，而"记起"这个动作本身就是大脑走神的一种形式。上文所说的知识是一种基本稳定且能为我们提供信息的系统，"记起"的内容和知识不同，它更像是过去的动态情景重现。由于我们记得的事情基本上都很主观，因此这些事情就组成了我们所理解的"自我"。我们所知道的大部分事实都是和别人共享的、一致的，可是我们的情景记忆却是各不相同的。

虽然我们会逐渐忘记一些技能，我们曾经拥有的知识偶尔也会消失不见，但在记忆的三个层面里最不易保存的还是情景记忆。相比我们生活的时间之长和内容之复杂，我们能记得的只是发生在我们身上的事情中很少的一部分。捷克流亡作家米兰·昆德拉（Milar Kundera）在他的小说《无知》（*Ignorance*）中写道：

> 我们实际生活的时间长度与这段生活映射在我们记忆中的时间长度存在着某种比率，这种比率是人类的一种基本特质。从没有人试图去计算这个比率，也不存在任何计算方法，然而我敢信心十足地说：记忆的长度只是实际生活的百万分之一都不到，甚至于只有一亿分之一。简单地说，我们的记忆只是实际生活极其微量的一小部分，这一事实也是人类的一种基本特质。如果有人可以记住他所经历的一切事情，如果他能够随时记起过去的任何片段，那他绝非人类，无论他的爱、友谊还是他的愤怒、宽恕力和复仇心都与我们人类截然不同。

好吧，他的确有点夸张。按照他的说法，如果以一亿分之一来计算，在整个一生里难道我们只能记住大约15分钟的生活内容？我们大部分人应该都能记得更多吧。

如果存在外界压力要我们尽可能多地回忆，我们也能够从过去的记忆中多提取出一些情景片段。在我的同事唐娜·露丝·艾迪斯（Donna Rose Addis）负责的实验室里，我们从一款名叫《妙探寻凶》的桌游里获得了灵感。在这款桌游中，参与者彼此竞争，看谁能最快找出凶手、凶器和案发地点——比如教士格林、烛台、台球室。在实验中，我们让被测试者从过去的经历中回忆起大概 100 个情景片段，每一个情景片段都要包含一个人物、一件器具和一个地点。后来我们将这些人物、器具、地点打乱，让被测试者生成新的情景片段，被测试者不费什么力气就回想出了数量相当的情景片段。事实上，当我们聚精会神去回忆时，可以回忆起过去的很多事情，甚至可以将我们人生中某段值得回忆的经历写成传记。但是，关于我们所遗忘了的大量事件，我们一无所知，因为我们的确已经将那些事情忘得一干二净了，这就是为什么有时我们翻看自己的旧照片，发现有些照片上的景象如此陌生，好像在看别人的照片一样。

失忆症

前面说过，情景记忆不易保存，这一点在失忆症的病例上表现得最为明显。对于许多失忆症患者而言，受到最多影响的就是他们对于过去事件的记忆，甚至有些人会丧失所有过去记忆。曾经有一个失忆症的案例被学界广泛地研究，案例中的患者叫作亨利·莫莱森（Henry Molaison）。亨利的案例几乎被认为是神经学历史中最有名的案例，2008 年，当 82 岁的亨利离世时，《纽约时报》（*New York Times*）和著名医学期刊《柳叶刀》（*The Lancet*）都刊登了他去世的讣告。亨利在 27 岁时因患有顽固性癫痫而接受手术治疗，可是手术破坏了他脑组织中负责情景记忆的部分，他无法形成新的记忆，之前的生活记忆也基本丧失了。但亨利仍然可以自如交谈，他的智商也高于平均水平。1968 年，这个案例的一位研究者在报告中写道："他（亨利）的语言能力没有受到影响：他可以重复句子并运用复杂语法转变句型，他可以理解笑话的笑点，甚至于那些靠语义歧义形成的笑点。"

在那场改变命运的手术之后，苏珊娜·科金（Suzanne Corkin，一开始是麦吉尔大学的研究生，后来成了麻省理工学院的教授）一直将亨利作为对象进行测试研究，她很了解亨利，但亨利却无法记得她，每次见到她都如同初次见面，反复讲述自己仅记得的一些童年的经历。下面是亨利和我曾经的同事詹妮·奥格登

（Jenni Ogden）的对话，从这小段对话中我们也能感觉到亨利的性格和状态：

詹妮："你觉得你现在多大年纪？"

亨利："大概34岁左右吧，我觉得是。"

詹妮："那你觉得我多大年纪呢？"

亨利："嗯，我觉得你27岁。"

詹妮："（笑）你真会说话，实际上我37岁了。"

亨利："37岁？那我肯定比你岁数大。"

詹妮："为什么？你觉得自己比我大么？"

亨利："是的。"

詹妮："你觉得你现在多大年纪？"

亨利："嗯，我总是有点儿想得太多，嗯，估计38岁。"

詹妮："38岁？你看起来很像38岁！你知道么，你实际上60岁了，前几天你刚过完60岁生日，还有一个大大的蛋糕呢。"

亨利："看，我什么都不记得。"

令人惊奇的是，亨利可以准确地画出他在手术后搬入的房子的平面图，尽管他花了好几年来建立这个记忆。因此，亨利具有一些掌握新知识的能力。他也可以学会新的技能，虽然他会忘记学习的过程。例如，亨利曾经进行过"镜描"——研究者要求亨利描画一个五角星，同时在描画中保持铅笔在规定的范围内，但是他只能通过镜子反射看到五角星和自己的手。这是一个难度很大的练习（你可以试试），因为要做的动作和在镜子里看到的景象正好相反。在连续的几次训练中，亨利的进步很大，在最后一天，他已经能够很轻松地画出五角星，他说："这件事很奇怪，我本以为会有点儿难，可是看起来我完成得不错。"

英国的音乐家克莱夫·威尔林（Clive Wearing）的病例是这一领域里的另一个著名病例，他是古典音乐方面的专家，曾在BBC广播电台享有盛誉，他曾创建"欧罗巴歌唱者"——一个著名的业余合唱团，并在演出中连续获得成功，还曾负责在查尔斯王子与戴安娜大婚当天演唱BBC第三电台的所有歌曲。1985年，正值克莱夫的职业高峰期，他却被查出患有疱疹病毒性脑炎。这种病症是由一种单纯性疱疹（唇疱疹病毒）引起，但在以往病例中这种病毒很少会感染中枢神经系统。尽管在确诊之前，克莱夫就开始服药来对抗体内的病毒，但那时他脑中负责形成新记忆的重要部分和一些已有的记忆已经遭到了破坏。

不幸中的万幸，克莱夫大脑中还保留着以前的技能和知识，他仍然可以交谈、弹钢琴、作曲。他记得自己已婚，虽然无法回忆起婚礼的场景；他知道自己是音乐家，只是无法回忆起任何的演出。他失去了大量的记忆，尤其是与生病相关的记忆。他认得自己的孩子，但是觉得孩子们比他印象中要大许多，而且记不清楚自己到底有几个孩子。他不知道自己身处的年代。他对自己的童年记忆颇多，如他在哪里长大，战争中他躲在哪里避难，他甚至记得自己曾获得奖学金，就读于剑桥的卡莱尔学院，但是他却再不能学会新的知识，他的知识存储也一下子倒退了好多年。

更糟糕的是，克莱夫完全失去了情景记忆——他的记忆只能保留几秒钟，虽然足够他与人交谈，但是他很快会忘记先前在谈的话题。2005 年，英国独立电视台为他制作了一部纪录片，称他为"只有七秒记忆的人"。由于他的短时记忆区间太短，他常常惊讶于自己刚做完的事情。克莱夫喜欢玩牌，出牌之后再看手里的牌时，他往往会很惊讶于自己出的牌，他会说："这些牌不是我出的，我之前（手里）没有它们，我不明白……这太奇怪了！"

还有一个著名的病人，在许多文献中被称为"K.C."，此人的知识存储完全没有受损，但是却不能记起之前的任何具体事情。他不仅想不起短暂的、一次性的事件，就连那些持续了几天的事情也无法想起，比如一次列车脱轨事件造成化学毒气泄漏，他和成千上万的人一起离家逃生，这样的事情他也想不起来。他在智商测试里表现正常，知道自己生活的一些基本情况，比如自己的生日、他9岁之前居住的地址、曾就读的学校名称、曾拥有的车的品牌和颜色、父母度假小屋的位置以及到他多伦多的家的距离。他知道很多事情，但是其中的情景记忆很少。

"柯萨科夫综合征"（Korsakoff Syndrome）是由于长期酗酒引起的一种病症，患有这种病症的患者的记忆也会有同样的问题。奥利弗·萨克斯（Oliver Sacks）曾著有《错把妻子当帽子》（*The Man Who Mistook His Wife for a Hat*）一书，他在书里写过一个名叫吉米·G.（Jimmie G.）的人，吉米在二战结束之后就不能形成新的记忆了，尽管生活在20世纪80年代初期，他却仍然以为现在还是1945年。他每次照镜子时都会十分诧异，因为他仍然以为自己还是二十多岁、年轻健硕。而过度饮酒的一个好处便是可以在醉意中觉得自己变得年轻，当然，只要你远离镜子。

换个角度讲，这些失忆症的患者在大脑漫游时都会受到局限，因为他们已经不能自如地回忆起过去的事情，于是乎也就不能享受到怀旧的乐趣了。

超级记忆

如果我们因为记性不好而难过失望，那么这种难过失望的情绪就会成为我们记忆的阻碍。因为我们的大脑里面有着太多的组织和功能，十分拥挤，以至于没有空间来容纳其他的东西，甚至于各部分之间也会互相抑制。有种症状叫作"学者综合征"（Savant Syndrome），其患者具有十分强大的记忆力，但是在其他方面会有缺陷。金·皮克（Kim Peek）是这一症状的典型病例，他就是电影《雨人》的原型。他在 2009 年去世，享年 58 岁。金被他的朋友称为"金电脑"，他从 18 个月大开始能够记住书中的内容，到 50 多岁时他已经可以背诵出 9000 多本书的内容。他的知识存储容量巨大，包含历史、体育、电影、太空探索、文学等方面的许多知识。他对古典音乐了解甚多，中年时期甚至尝试过自己演奏古典音乐。和其他的学者综合征患者一样，只要给他一个日期，他可以马上准确地说出那天是星期几，这是超强记忆的一种表现。

可是在标准智商测试中，皮克只获得了87分（普通人的平均分是100分）。他走路的姿势和常人不同，自己不能扣衣服上的纽扣，也不能处理日常家务，理解抽象想法也十分费力。这个例子告诉我们，在其他脑部技能有缺陷的情况下，一个强大、事无巨细的记忆系统仍然可以正常运转；记忆能力如果很特殊，也许会损害关系思维能力和抽象思维能力。所谓的树叶太多，反而看不见树木的躯干。

还有一位学者综合征的患者也很出名——丹尼尔·塔米特（Daniel Tammet），他接受了一部电视纪录片的挑战，一周内学会了说冰岛语，他因这一次的挑战成功而一战成名。2004年3月，他将圆周率背诵到小数点后22514位。他说自己可以在大脑中看到"复杂的，多维的，具有颜色、质地、形状的"数字，这种能将一种感官中的事物与另一感官中的性质相关联的能力叫作"联觉"。而在塔米特的大脑里，圆周率的一长串数字可以变成三维全景图，按他的话说，"这幅美丽的图画深深吸引了我"。他也会将自己大脑中"联觉"的景象转化为诗歌，下面这段来自于他去冰岛旅行后有感而发的一首诗歌：

在城市和乡镇中

我看见人们在彼此交谈

将他们的呼吸

和柔软、多彩的词语缝合在一起。

所罗门·舍雷舍夫斯基（Solomon Shereshevskii）的案例不太一样，他在许多文献中被称为"S"。1968年，俄国精神心理学家亚历山大·罗曼诺夫·鲁利亚（Aleksandr Romanov Luria）在其所著的《记忆大师的心灵》（*The Mind of Mnemonist*）中记述了舍雷舍夫斯基的强大记忆力。舍雷舍夫斯基的记忆力似乎没有止境，他可以将一件十分细小的事情在记忆中保存极长的时间，例如，他可以准确地记得16年前鲁利亚给他看的单词表。他的记忆力主要是视觉记忆，当遇到要记住的词语或者数字时，他可以在大脑中将它们转化——在空间顺序上重新排列，或者通过运用"轨迹记忆法"想象它们处于熟悉的地点，然后去这些大脑中的地点来"寻回它们"。

实际上，舍雷舍夫斯基记忆的独特性对于他自身而言是一种困扰，因为这种记忆力使得他不能形成综合的概念。他读不懂小说的含义，因为每一个细节都会令他想象出具体的场景，然后在下一阶段发现他的想象充满矛盾。同丹尼尔·塔米特一样，他也是一位具有"联觉"能力的人，在他的脑海中，语言都伴随着视觉画面，例如"喷"或"溅"这样的动词，配以每秒30赫兹、100分贝的声调，就会让他联想到"一条12—15厘米宽、陈旧生锈的银色带子"。

你可能会认为他算是幸运的——毕竟我们有的人想不出来陈旧生锈的银色是什么样，但事实上超强的记忆力和侵入式的视觉画面，对于他正常生活的干扰十分严重。鲁利亚曾经引用过一个舍雷舍夫斯基记录的例子：

> 有次我去买冰激凌……我走向小贩，问她都有什么样的冰淇淋。她说："水果味冰淇淋。"但是她回答的声调反映在我的脑海里是一堆煤，或者仿佛煤渣从她嘴里喷出来，在她这样回答之后，我实在没办法买任何冰淇淋了。

"轨迹记忆法"是一种每个人都可以学习的技巧，

并不一定是"联觉者"所特有的，但是恐怕在这一技巧的运用上，很少有人能达到舍雷舍夫斯基的水平。轨迹记忆法实际上是走神，或者大脑漫游的一种实际应用，只是这种走神是被大脑所控制的。据古罗马哲学家、文学家西塞罗（Cicero）的记载，这种方法是由一位名叫西蒙尼戴斯（Simonides）的希腊诗人发现的。一次宴会上，西蒙尼戴斯正在为一群有钱的贵族表演时，突然被两个神秘的人物叫到了外面，这两人正是奥林匹斯山之神卡斯托和波拉克斯的信使。他刚离开，宴会厅的屋顶就发生了垮塌，里面的人无一幸免。贵族们的尸体血肉模糊，难以分辨，还是西蒙尼戴斯过来一一指出每个贵族就座的位置，才能分辨出他们的身份。基于这个故事，据说古希腊和罗马的演说家们都使用轨迹记忆法来背诵他们的演讲稿。

轨迹记忆法后来又经过了一位在中国传教的意大利耶稣会的传教士利玛窦（Matteo Ricci）的改善。1596年，利玛窦写了一本名叫《西国记法》（*Treatise on Mnemonic Arts*）的书，提出了一种可以帮助中国考生在科举考试中记住浩瀚如海的知识的方法。这种方法基于想象中的"记忆宫殿"，这个宫殿由一个大厅和许多房间组成，每个房间都有自己独特的背景图画，图画描绘的都是令人情绪起伏的场景，如战争、宗教祭祀等。该方法的总体思想就是将想要记住的事物与这些图画联系起来，形成令人激动或者令人吃惊的联系，这样一来，稍后我们的思想漫游在宫殿中时，就能想起要记住的事物。

甚至到现在，世界顶级的记忆大师们仍然选择轨迹记忆法作为记忆事物的技巧。它的使用者之一，中国商人吕超，保持着圆周率背诵的吉尼斯世界纪录。2006年，他将圆周率背诵到小数点后 67890 位（他背错了第67891 位的数字），将塔米特保持的记录提升了 3 倍。还有一个更加惊人的例子，有一位年轻的工程学学生，文献中称其为（也许是戏称）"派"（PI）。他能将圆周率背诵到小数点后 2^{16} 位，据称他在背诵过程中背错的次数不超过 2^4 次，听起来好像背错很多次，但是平均下来相当于每 2^{12} 位仅仅背错 1 次。记录里并未写明他背错的原因，可能是由于想象中的地点含混不清造成的。舍雷舍夫斯基偶尔会记不起某个事物，因为他在脑海里把这件事物放在了一个昏暗的位置，但是这样的问题有时可以通过在这个位置点亮一盏路灯而得到解决。

然而，后面例子里的人和舍雷舍夫斯基的情况不同，他们相对更正常一些，只是"派"对于事件和面无表情的面孔的记忆力很差——他记忆饱含情绪的脸孔时会稍微好一点。抛开这些例子不谈，像轨迹记忆法这样的方法已经越来越不受关注了，毕竟我们可以上网查询圆周率，随便到哪一位都可以，而且，谁又会用到圆周率的 2^{16} 位呢？

伪记忆

> 在生活中，我经历过的一些骇人的事情，其中有些的确发生过。
>
> ——马克·吐温

我们的记忆不仅不完整，还经常不准确，有时我们所"记得"的事情并没有真正发生。美国心理学家伊丽莎白·洛夫特斯（Elizabeth Loftus）——假记忆研究领域的佼佼者——生动地描述了她妈妈去世时的情景。那年她 14 岁，正在她的姨妈家做客。她记忆中那改变命运的一天晴朗明媚，她还能记起松树的样子、气味和冰茶的滋味。她看见妈妈穿着睡袍，面朝下飘在游泳池里，吓得大哭大叫。后来她看见警车上闪动的灯，也看见妈妈的尸体被担架抬出来。但是，这段记忆是假的，发现尸体的不是她而是姨妈，而她当时正在睡觉。

我有一段很清晰的记忆，那是 1981 年，新西兰和南非在新西兰的奥克兰有一场著名的橄榄球比赛。当时，对南非种族隔离制度的抗议正如火如荼。一架小型飞机载着两个示威者向运动员投掷面粉炸弹，其中一个炸弹打在新西兰全黑队的球手穆雷·麦克斯提德（Murray Mexted）身上——我私下认为这次事件对于穆雷影响深远，他成为橄榄球解说员之后经常说话前言不搭后语，可能就是这次受伤造成的。然而很遗憾，后来我发现被面粉炸弹砸中的人并不是穆雷，而是盖瑞·奈特（Gary Knight），而他后来说话用词很准确，丝毫没有受到影响。

伪记忆很容易形成。当有人让我们形容一些情景，比如在商场里走丢、坐热气球游览、几乎溺水被救生员救起等，我们会给出很具体的答案，虽然这些事情也许从未在我们身上发生过。洛夫特斯写过另一个例子，人们观看了一个假广告，内容是到迪士尼乐园游玩，里面提到了兔八哥。观看之后，三分之一的人声称他们曾经去过迪士尼乐园并且在那和兔八哥握手。他们可以看到脑海里的记忆画面。然而，兔八哥是华纳兄弟的作品，不太可能出现在迪士尼乐园里。这个记忆明显是伪记忆。

瑞士著名心理学家让·皮亚杰（Jean Piaget）曾经回忆起他 4 岁时候的一件事，他的保姆用婴儿车推着他走在香榭丽舍大街上，这时一个男人跳出来想要绑架他。婴儿车的安全皮带紧紧地箍在他身上，保姆站在他面前挡住了歹徒，在扭打中，保姆的脸被划伤，皮亚杰说自己仍然能在脑海中看见保姆被划伤的脸。不过在皮亚杰 15 岁时，那个保姆写信给他说自己编造了整个绑架故事。

19 世纪末期，人们将伪记忆称作"错误记忆"，据说"错误记忆"可以通过催眠来生成。催眠治疗师希波莱特·伯恩海姆（Hippolyte Bernheim）曾经记录过一个可怕的案例，他曾在催眠一个病人时暗示那个病人曾透过一个锁眼看到一个老人强奸一个小女孩，女孩在挣扎流血，她的嘴被堵上。催眠结束时，伯恩海姆对那个病人说道："这不是我给你讲的一个故事，不是一场梦，也不是我在催眠中给你展示的画面，这件事是真实发生的。"3 天后，伯恩海姆让一个知名的律师朋友去询问那个病人，病人可以完整详尽地描述出该事件，尽管律师质疑事件的真实性，她仍然坚持说此事绝对是真实发生的。毋庸置疑，像这样的实验在今天的社会是不可能进行的。

"记忆可以被轻松植入"这种想法引发了20世纪80、90年代的社会思潮变革，当时，许多心理治疗师认为一个人成年后的心理问题可以追溯到他童年所遭受的性侵害，但由于这些侵害所带来的巨大伤害，与其相关的记忆往往被压抑了，所以心理治疗的目的应该是恢复这些记忆，这样患者就可以在心理治疗师的帮助下，面对自身心理问题的真正原因并最终解决这些心理问题。这一观点在一本著作中被充分阐释和支持，这本著作就是由艾伦·巴斯（Ellen Bass）和劳拉·戴维斯（Laura Davis）撰写的《治疗的勇气》（*The Courage to Heal*），这本书第一次出版于1988年，后来多次再版。虽然巴斯和戴维斯没有接受过心理学或精神病学的正规教育，但她们却"勇敢"地告诉读者们：

　　　　如果你不记得自己遭到的侵害，你并不孤单。许多女性失去了记忆，有些甚至从不记得。但这并不能说明她们没有被侵害。

　　在书中，巴斯和戴维斯还写道："如果你觉得自己曾被侵害，生活中又存在着一些迹象，那么你就是被侵害过。"这样的说法显然犯了"肯定后件"的逻辑谬误（即从后件的真衍推出前件的真。这是一种无效推理）。当然，童年所受的侵害可以导致日后的心理问题，但是这不代表心理问题一定是由童年所受的侵害引起的。谋杀会导致死亡，但是并不代表死亡都是由谋杀造成的。不幸的是，大众对于巴斯和戴维斯观点的广泛接受，导致了治疗方案都是以恢复患者受侵害的记忆为目的而设计，十分激进，可是这种所谓的"侵害"实际上并不存在。

问题是，治疗师可能会在患者不知不觉间又给他们植入了新的伪记忆。当然，有些患者的确是因为曾遭受性侵害或者其他侵害而导致心理异常，但是认为所有的或者大部分的心理问题都是由侵害引起的这种观点肯定是错误的，同时，一些无辜的人却因为没有做过的事情（施加侵害）而受到了指控。这个时期的种种遗憾引发了关于记忆力的性质和脆弱性的研究大量涌现，同时也时刻提醒着每个治疗师注意不要在治疗中植入伪记忆，也不要先入为主地判定患者曾遭受侵害，要考虑其他更可能的原因。

不管怎样，记忆是个靠不住的证人，无论是在法庭还是在诊所，单纯依靠记忆来做决定很可能会犯错，有时无辜的人会被判定为有罪，有时有罪的人却被判定为无辜。这时，我们需要做的就是判定一个错误决定的代价有多大。到底哪一种的代价大呢？是没能发现一个真正的犯人或者虐童者，还是诬陷一个无辜的人虐待，尽管他从未做过？遵从罗马法律精神，现代宪法认为嫌疑人直到被认定为有罪之前都是清白的。以法律的眼光来看，宁可让一些罪犯漏网，也不能让无辜的人坐牢。但是，很多时候，具有欺骗性的记忆才是真正的罪魁祸首。

　　记忆为什么这么靠不住呢？很显然记忆并不是过去的忠实记录，相反，它只是给我们提供信息——有些信息是真的，有些是假的，而且信息总是不完整的——我们用这些信息来构建故事。美国诗人玛丽·豪（Marie Howe）曾说过："记忆是诗人，不是历史学家。"我们可能和记忆中的自己一致，至少部分相同，但我们的记忆如同外衣，可以被选择或修改来形成想要的自己，而不是真正的自己。1996 年，当时的美国第一夫人希拉里·克林顿（Hillary Clinton）曾述说自己冒着生命危险访问波斯尼亚，在下飞机时遭遇狙击手射击，很英勇地跑向遮蔽物。而事实上，她的飞机安全着陆，迎接仪式非常平和，迎宾队伍里有一个微笑的小朋友，她亲吻了那个孩子。当然，也可能是她编造了这个故事在彰显自己的英勇，尽管如此，还是有些评论认为她真心相信自己的故事。

罗纳德·里根（Ronald Reagan）也曾回忆起自己在二战时的英勇行为，而这些行为实际上取材于老电影。他甚至认为自己参与了诺曼底登陆和解放纳粹死亡集中营。但是后来，他又说自己的一些冒险故事并不真实，他和身边的一位工作人员说："可能我看了太多战争电影了，有时候把电影里面的英雄人物的行为和我自己的现实生活混在一起。"

也许希拉里和里根二人都在说谎，但是善良的人们更愿意相信他们只是在自欺欺人。威廉·冯·希佩尔（William von Hippel）和罗伯特·特里弗斯（Robert Trivers）认为：自欺欺人能力的进化发展正是由于它使得人类的谎言不再容易被戳穿。故意说出的谎话很容易被戳穿，尤其当说谎的人和听众非常熟悉时——而测谎仪不太管用就是因为它们并不了解说谎者的一些特质。想要知道朋友是否说谎很容易，因为我们能看出一些不自然的犹豫和不寻常的过度掩饰，可是想要避免被花言巧语的陌生人蒙骗就不那么容易了。但是，如果说谎的人相信谎言是真的，并且和说真话一样平静地说出谎言，那么说谎人和听众都无法辨认真假。人们可能会相信他们伪记忆里的事件真实发生过，然后在脑海里创造更多的关于该事件的生动情景。

无论如何，如果所有的记忆都是准确的，并且被准确地描述出，生活也许会很单调无趣。已故的认知心理学大师乌尔里克·奈瑟尔（Ulric Neisser）认为，记忆并不像回放磁带或者欣赏图画，它更像讲故事。而记忆的故事经常会直指过去，同样也会引向未来。

第三章　关于时间：一个超乎想象的世界

我们精神上穿梭于过去未来的能力，加上此二者间平稳的延续性，便奠定了我们的时间观念。

记忆是游走于过去的思绪。我们也可以漫步到未来，想象以后可能会发生的事情，明天或者明年圣诞节会发生什么，又或者南极的冰雪何时会融化。诸般证据表明，和思考过去相比，其实人们花费了更多的时间来思考未来。然而未来和过去之间有着自然的延续性，因为时间总是无情地由此时向彼时流逝。要做的事情很快会变成做完的事情——假定我们确实做了。有时候我们没有做，在这种状况下我们可能会说："哎呀，我忘记了。"即使是遗忘，似乎也能像适用于过去般地适用于未来。

　　我们精神上穿梭于过去未来的能力，加上此二者间平稳的延续性，便奠定了我们的时间观念。虽然我们的精神之旅可回溯、可展望，我们的物质生命却是植根于当下的。时间之河的上游是被我们忘却（又或是无法记起）的唯一事件——降生，而艾萨克·瓦茨（Isaac

Watts）的赞美诗《神是我们永远保障》（*Our God, Our Help in Ages Past*）中的句子使我们想到的则是下游的景致：

> 时间正似大江流水，
>
> 浪淘万象众生；
>
> 转瞬飞逝，恍若梦境，
>
> 朝来不留余痕。

尽管我们的实际寿命被禁锢于生死之间，我们的精神之旅却可以超越生死。历史可以通过过去的记录和文本，或是古代文物的发现得以重现，也可以在历史小说或电影中得到美化。关于未来的场景可以描绘勇敢的新世界，也可以描绘迫近的灾难。雷·布莱伯利（Ray Bradbury）的反乌托邦小说《华氏451度》（*Fahrenheit 451*）描绘了一个禁书的未来美国，到那时，藏书的房子是要被勒令焚毁的。

当我们人类意识到时间概念时，就会提出一个问题：究竟时间可以被拉伸到多远？物理学家告诉我们，137.7亿年前的一次宇宙大爆炸是一切的起点，而75亿年后太阳会变得无比巨大，大到吞噬掉整个地球。我认为这些灾难性事件把我们带到了一个超乎想象的世界——完全超出精神时间旅行的范畴，虽然我觉得我们可能更乐于接受这样一种可能——大家搬到了太空中的别处，那里的太阳远没有这么贪婪。

我们对未来的构建很大程度上是依赖记忆中的过去。回忆，以知识或是记忆中事件的形式，为未来计划的构建增砖添瓦。在前一章我提到过一些实验，实验要求人们记住 100 个事件，识别某个人、器具或场所，等等。这些实验会以如下方式继续进行。我们会重新编排记忆元素以形成新的组合，再要求受试者想象将来发生在他们周围的事件。比如，一位受试者可能记得她的朋友玛丽曾把笔记本电脑落在图书馆，她的哥哥汤姆在公园里从自行车上摔下来，或者她的搭档谢恩在厨房里烹制香肠。之后她可能被要求想象一个未来和她的朋友玛丽在公园里烹制香肠的场景——一个从未发生过，却又很容易想象的场景。我们的研究表明，受回忆过去事件刺激而活跃的大脑区域和因想象未来事件而被激活的区域普遍一致。我们的大脑几乎不会察觉到其间的差异。

对于健忘症患者来说，想象未来的事件和回忆过去的事件常常一样艰难。我们在前一章遇到的亨利·莫莱森和克莱夫·威尔林，他们都既无法记得过去的事情，又不会想象未来的场景。黛博拉·威尔林（Deborah Wearing）将她有关她丈夫克莱夫的著作命名为《永驻今日》（*Forever Today*），苏珊娜·科金把自己有关亨利·莫莱森的著作命名为《永远的现在式》（*Permanent Present Tense*），二者都捕捉到这样一个事实：克莱夫和亨利都不具备过去或将来的观念。他们的思维都植根于现在，不会漫游到别处。曾经有人这样问亨利："你明天想做些什么？"他回答道："不论什么都好。"也许他精神上漫游于过去和未来能力的缺失，恰恰使他免受胡思乱想的烦扰（我们常备受折磨），也使他成为特别适合被研究又合作性极强的一位受试者。

这里有一段某健忘症深度病患（我们称之为"N.N."）和心理医生安道尔·图威（Endel Tulving）的对话：

图威："让我们再试着回答关于未来的问题。你明天做什么？"（此处停顿15秒）

N.N.："我不知道。"

图威："你还记得问题是什么吗？"

N.N.："关于明天我会做什么？"

图威："是的。你怎样描述自己考虑这个问题

时的思维状态？"（此处停顿 5 秒）

N.N.："我觉得是一片空白。"

比较"考虑明天将做什么"和"回想昨天曾做过什么"时的思维状态的异同时，N.N. 的描述是"一片空白"，"好像在湖中心游泳一样，没什么事物让你驻足，也没什么相关。"

很多我们想象中的未来的场景，比如一场晚宴，是以发生过的事件为基础，加以重新编排建立起来的，重新编排的目的是为了适应一个新的场所，或者新的人员组合。或许这也解释了为什么人们对于事件的记忆并不总是很准确。通过构建未来可能出现的情形，我们便可以选择貌似最优的计划——也许最有趣，或是最安全，把招致灾难的可能降到最低。在我们的思维看来，我们可以为一场婚礼想象出不同的方案，比如在哪里举办，邀请哪些宾客，演奏什么音乐，甚至是否全程参与。面对工作面试、新的约会对象或者一场网球赛，我们也有不同的构想，希望制订出最佳的策略。我们记忆的灵活性成就了从容有序的未来，却也使记忆中的过去陷入混乱。

随着孩子的成长，大概在 3—4 岁，他们回忆过往以及想象未来的能力就会一同显现。而这两种能力都不是突然间显现的。3岁的孩子似乎还不能够告诉你幼儿园或运动场上发生过什么，或是明天会发生什么，但他们学到一些东西，比如新歌谣或者游戏，甚至一些新词汇，有些可能是他们不应该使用的。对于发生过的事情和将要发生的事情他们可能有些概念，但不具备把这些片段串联成连贯事件的心理机制。托马斯·苏登多夫（Thomas Suddendorf）和他的同事们的研究结果表明，大多数孩子到了4岁便具备了构想未来可能发生的事件的基本心理因素。也许是在4岁之前，孩子的语言还没有很好地开发，所以他们无法找到适当的词汇来描述他们做过什么或是打算要做什么。但是这种观点也可以被推翻。语言本身的设计初衷就是要表达"非现在"，而且说不定语言真正开始发展演变是在时间观念形成之后呢。在进化过程中也是如此，一些使我们得以在精神上开展时间旅行的能力的进化，可能早在我们获得谈论它们的能力之前，相关内容我会在下一章展开。

在上一章里，我建议调整我们的记忆来创建自我形象——比如说政客，似乎特别容易回忆起一些其实从未发生过的英雄主义行为。我们也会创建未来的形象。威廉·詹姆斯（William James），小说家亨利·詹姆斯

（Henry James）的兄弟，被一些人誉为科学心理学的创始人，曾在著作中写到"潜在的社会自我"和"当前自我"以及"过去自我"是截然不同的。最近，基于我们看待过去的自己的方式以及对未来新的自我形象的期待，黑兹尔·马库斯（Hazel Markus）和宝拉·纽瑞斯（Paula Nurius）也写到了类似的"可能的自我"①。一想到可能有各种不同的自我存在，我们便获得了指引自己在生活中前进的动力。正如马库斯和纽瑞斯所说，"现在我是一名心理学家，但我也有可能成为餐厅老板、马拉松运动员、记者或是残障儿童的父母"。未来的形象可能是正面的，也可能是负面的——我能想象自己获得巨大的成功，在派对上、橄榄球赛场上或者科研成果上，也能想象自己一无是处、挫败、沮丧、叹息。

我们想象中的未来自我甚至可以超越死亡的界限。当我们为自己创造想象中的天堂或地狱时，超越生命界限的想象力亦强化了信仰。有望在死后过上更好的生活，甚至能诱使人们在当前的生活中做出一些冷酷甚至是自我毁灭的举动。一些极端教派会这样教导信众：现

① 指有关个体如何思考其潜力和未来形象的自我概念，以及有关未来定位的自我描述，"可能的自我"的结构分为三个部分：希望自我、预期自我和恐惧自我。——编者注

世生活的主要目标就是要为下世永恒喜悦的生活做好准备，毫无疑问这也是9·11事件中恐怖分子驾驶飞机冲向纽约双子大厦时怀抱的希望。无独有偶，二战时为国捐躯的日本"神风特攻队"的飞行员们也坚信在下一世他们会得到报偿。"神风"意指神圣的风，也是一种由伏特加、橙皮酒和青柠汁调制而成的鸡尾酒的名字——一种可能会让人为之不惜一切的鸡尾酒。

在自己转世为人之前便相信来世生活的存在，听起来似乎没什么道理，毕竟这对现世生活来说并没有什么影响。转世是印度宗教及其他一些教派的核心教义，比如德鲁伊特教和通灵派。一些希腊哲学家信奉轮回，包括柏拉图、毕达哥拉斯和苏格拉底。在佛学理念里，不同的化身可以遍布六道，包括人道、畜生道以及一些超越人力的存在。按照他们的说法，转世而再为人的可能性极小。不过，这些信念都证实了精神时间之旅的独创性。

我们的许多行为（如果不是大多数的话）都以各种方式指向未来，但并不需要具体涉及精神时间旅行。本能行为的精确进化是因为这样可以提高生存概率，又或是提高我们子孙后代的生存概率——这就是进化论的全部内容。即使是本能也是未来导向的。我们可能从险境逃走、与侵略者搏斗、吃苹果或是与新邻居调情，并不是受恐惧、愤怒、饥饿或是性的本能所驱使。我们大部分的学习也一样，都是基于惯例或是在父母看来对我们有益的事物，而不是我们对未来的想象。但精神时间之旅却以其灵活性超越了本能和习惯，使得我们可以预演各种选择，审视可能引发的后果。我们可以在精神上漫步到未来，去看看可能发生些什么。

这不是对进化论的否认。开启精神时间之旅的能力本身无疑就是通过自然选择进化而来的，而且与缓慢的遗传变化机制相比，也显示出更多的灵活性以及适应突发事件的迅速性。学习向我们提供了一种更快的方式来适应生活中发生的一切，但这仍是个缓慢的过程。我们勤勉刻苦，奔波于学校功课与钢琴课程，学习习惯与礼仪，但即便如此，与构建情境、调整生活的能力相比还是刻板而缓慢的。

精神时间旅行是人类特有的吗？

英国诗人罗伯特·勃朗宁（Robert Browning）在其 1855 年出版的《语法学家的葬礼》（*A Grammarian's*

Funeral）一诗中写道："什么是时间？现在把这个问题留给狗和猩猩吧！人类拥有永恒！"很多人都曾经提出过精神时间旅行和时间观念本身是人类所特有的这一观点，包括托马斯·苏登多夫和我自己。确实，我们人类似乎总是沉迷于时间。时间设置中的事件在我们有意识的生命中尤为重要。我们追忆过往，为既得的或想象中的胜利感到荣耀，也为过去的错误心存懊悔。我们想象着一片光明的未来、阳光下的假日或是潜在的灾难。我们受制于钟表、日历、日程、预约和周年纪念——还有税金。我们对时间的衡量方法不胜枚举，从纳秒直至万古。也许这有点说多了，我们应该听从佛祖的建议，努力在当下活得更纯粹，就像勃朗宁诗中的狗和猩猩一样。

德国心理学家沃尔夫冈·柯勒（Wolfgarg Köhler）再次对勃朗宁的观点表示赞同，他认为即使是我们最亲近的非人类亲戚黑猩猩，也像克莱夫·威尔林一样被困于当下。一战爆发时，柯勒刚好在加那利群岛的普鲁士科学院工作——维护灵长类动物研究设施。受困无援之下他寄情工作，把全部时间都用来研究户外实验场地里的九只黑猩猩的行为。他的实验表明，黑猩猩非常聪明，有时可以运用观察力解决力学问题，而不是简单地试错。然而柯勒最终的结论是，虽然黑猩猩拥有解决问题的技能，却完全没有关于过去和未来的概念。

虽然如此，精神之旅和对过去未来事件的想象是人类特有的行为这种观点还是遭遇到了挑战，尤其是来自瑞典富鲁维克动物园的一只名叫桑提诺（Santino）的雄性黑猩猩的挑战。桑提诺喜欢收集石头并丢向游客。它会在游客到来之前准备好石头并藏好，以确保不被游客发现。显然桑提诺是在计划一件明确的未来事件，也许在它的脑海里，它甚至亲眼看到了自己储备弹药的欢快画面。桑提诺并不是特例。查尔斯·达尔文（Charles Darwin）在其著作《人类的由来》（*The Descent of Man*）中曾经提到过好望角的一只狒狒向人们丢投掷物，并且为达这一目的预先准备泥块的例子。储备投掷物也是另外一种危险的灵长类动物——现代人的特征。据美国科学家联合会称，俄罗斯有 4650 枚现役核弹头，而美国只有 2468 枚（但在射程和精度方面更胜一筹）。

其实，不止类人猿，甚至鸟类也似乎显现出精神时间旅行能力的证据。克拉克星鸦在数以千计的地方隐藏食物，之后找回的准确度虽然不算完美却也非比寻常。灌丛鸦也会储藏食物，实验表明它们不但记得食物藏在哪里，还记得不同食物的不同储藏地点以及储存的时间。举个例子，假设它们储存了虫子和花生，如果要在储存后不久便取回，它们会选择虫子，因为虫子比花生美味多了，至少对灌丛鸦来说是这样。但是如果将取回时间延迟，它们便会选择花生，因为虫子在这段时间里会腐坏，变得不宜食用。这就意味着它们记忆中的储藏行为是足够细节化的，它们非常清楚储藏的内容、地点和时间。简单来说就是，它们在心里给每一样食物都贴上了一个"食用期限"的标签，所以它们知道东西是多久以前储存的，而不是只记得储存的举动。

它们似乎也能在头脑中储存未来的事件。如果它们在储藏食物的时候被其他灌丛鸦看到，它们通常会等到四下无人时另外找个地方重新藏好。很明显，它们担心目击者会伺机偷走自己的囤粮，正所谓小偷才懂何为贼——只有在偷过别人的囤粮之后，它们才会转换储藏地点。另外，如果可以选择储藏的食物，灌丛鸦的出发点并不是解决现在的饥饿，而是自己第二天想吃些什么——换句话来说就是预期的早餐。

与此相似，实验证明类人猿和倭黑猩猩也会提前14小时准备在当时看来并不必需的工具。有些黑猩猩群体为了剥坚果可以贮藏锤子和铁砧长达几年之久。工具的制作可以说是未来精神时间之旅的证据。新喀里多尼亚的乌鸦（简称新喀鸦）会用小树枝和少量金属丝做成工具，来解决力学问题。从很多案例来看，这可能只是简单的为解决眼前问题的即兴发挥，而不是为更远的将来制订计划。而另一些实例则表明，它们确实可以制订具体的计划为将来所用。这些新喀鸦会很小心地把露兜树的树叶制成钩形，用以从树洞中钩取食物。它们用鸟喙把树叶做成一头宽一头窄的锥形，然后叼住宽的一端将窄的一端插入孔洞中以获取食物。之所以选择露兜树树叶是因为这种叶子的一面生有斜刺，可以粘住幼虫，这样一来新喀鸦将它们从孔洞中拉出来就容易多了。这些工具的制作体现出新喀鸦的精心策划。不甘示弱的非洲黑猩猩也会将小棍用作钓竿来挖掘地下蚁穴中的白蚁，或是用作长矛伸入中空的树干来捕食丛猴。一个黑猩猩族群为了从蜂巢中获取蜂蜜，会动用一套工具，这其中包括多达五种由小棍和树皮做成的不同用具。

在所有类似的事例里，我们还不能确定动物能否进行真正意义上的精神时间旅行，以及想象过去或未来的事件。鸟类或黑猩猩所表现出来的类似精神时间旅行的行为，通常会被解释为本能或习惯。比如鸟类贮藏食物是出于本能，虽然这可能是基于经验而做出的改变，正如灌丛鸦被潜在的窃贼关注后改换地点重新贮藏食物一样。即使灌丛鸦进行二次贮藏，可能也不过是习得了窃贼存在和之后的贮藏食物丢失二者之间的联系的结果，不一定就意味着它们真的对未来盗窃事件有所想象。黑猩猩制造的工具可能是不断试错的结果，而不是所谓计划，虽代代相传，却毫无对未来事件的确切想象。我们人类学习很多复杂的事情，比如阅读或弹奏钢琴，常常并没有对其可能创造的未来有什么自觉意识。

未来导向的行为可能纯粹出于本能。每年加拿大鹅都以它们独特的 V 字队形迁徙至南方，以躲避北方的寒冬，有些甚至飞到了奥克兰，然而没有任何证据表明，出发前它们是满怀奔赴新西兰"最宜居城市"的憧憬和喜悦的。在这一点上它们和移民至佛罗里达或夏威夷的加拿大本土居民完全不同，后者对于抵达目的地后的生活无疑是充满期待的。仅仅依靠本能可以驱动非常复杂的行为，从修坝、筑巢、蜘蛛结网到繁复的求偶仪式。诸如此类的活动是为了未来的生存，而不是依靠精神时间旅行。

心理学家和动物行为学家常常提醒我们，在赋予动物人类的思维时要小心。英国动物学家康韦·劳埃德·摩根（Conway Lloyd Morgan）曾师从达尔文的同僚托马斯·亨利·赫胥黎（Thomas Henry Huxley），并非常推崇自己的老师，他的成就在于建立了著名的"摩根法规"：

> 如果一种动作可以解释为在心理等级划分上层次较低的心理功能运用的结果，我们就绝不可把它解释为一种高级心理功能的结果。

这一法规是在 1894 年提出的，而 10 年后的"聪明汉斯"的案例则让人们再次想起了它。聪明汉斯是一匹马，它似乎可以通过轻敲前蹄的方式来回答复杂的问题。当被问到"2/5 加上 1/2 等于多少"时，它会用蹄子在地上敲 9 下，停顿后再敲 10 下，显然是在表明正确答案就是 9/10。当被问到人名时，它会努力用蹄子逐个字母敲出答案：一下代表 A，两下代表 B，以此类推。柏林大学的卡尔·斯图姆夫教授（Professor Carl Stumpf），当时最优秀的心理学家之一，对聪明汉斯的天赋深信不疑，直到他的学生奥斯卡·普冯斯特（Oskar Pfungst）证实——其实这匹马不过是对训练者发出的关于何时停止敲击的细微信号做出回应而已。训练者自己显然也没有意识到，给出答案的其实是他自己而不是聪明的汉斯。

这一法规也被看作是解释动物行为的节约原则，

然而与此同时也存在着一种不安感，认为保守解释可能会导致对我们动物近亲的智慧的低估，以及助长我们人类拥有高贵优越性的假想。《圣经》也给了我们更多鼓舞，正如"诗篇·第八篇"中所言：

> 世人算什么，你竟眷顾他？
>
> 你使他比天使微小一点，
>
> 并赐他荣耀尊贵为冠冕。
>
> 你派他管理你手所造的，
>
> 使万物，就是一切的牛羊并田野的兽，空中的鸟，海里的鱼，
>
> 凡经行海道的，都服在他的脚下。[1]

判断非人类动物是否具备人类思维的关键在于只有人类才拥有清晰的语言。按照劳埃德·摩根的说法，语言本身就是一项"在心理等级划分上层次较高的心理功能"，一些哲学家和语言学家保持思维的行为的确依赖于语言。但是不管是不是这样，我们只要简单问问人们的经历和想法就会发现很多思维的特点。人们可以毫不费力地描述他们的精神时间之旅——他们的记忆、计划

---

[1] 取自《圣经》汉译本，旧约·诗篇·第八篇。——译者注

以及幻想。但即使是我们最亲近的非人类亲戚黑猩猩和倭黑猩猩，也无法确切地告诉我们，它们脑袋里在想些什么。无比健谈的鹦鹉也不能。

也许会有其他窥探动物心理的途径能够提供帮助，表明动物确实有可能具备精神时间旅行的能力。为了说明这一点，在下一章中我需要给大家介绍一两种其他的动物。

第四章 脑中海马：精神漫游网络中枢

海马体与我们身处的时空信息的记录息息相关，它是我们精神远足的中央车站，记录着我们精神层面的各种事情。

随着 1859 年达尔文的《物种起源》（*The Origin of Species*）的出版，再加上著名的解剖学家理查德·欧文（Richard Owen）断言这一结构是人类所特有的，小海马成了热点课题。按照欧文的说法，这表明达尔文关于人类是类人猿后代的理论是错误的。而一向温良恭谨、不与人计较的达尔文也曾一度对他做出"心怀恶意、不公正、心胸狭窄、高危、虚伪、粗鲁、不诚实、缺乏教养、诡诈"的评语。为了捍卫达尔文的理论，自诩"达尔文的斗犬"的托马斯·亨利·赫胥黎论证了猿类的脑结构中确实也有小海马的存在，以此力证欧文的观点是错的。而身为教会牧师的查尔斯·金斯利也是从一开始便对达尔文的著作大加赞誉，他在提及河马时的讽刺口吻亦可谓是对尊贵的欧文先生的嘲讽。

　　然而金斯利自己似乎还有些困惑未曾解决，他曾经写道：

如果你的大脑内有一个大河马，就算你有四只手，没有脚，比猴舍里任何一只猿猴都更像猿猴，你也不是猿猴。但是如果某只猿猴的大脑里有大河马的存在，那就没什么可以改变它的老祖宗就是猿猴这一事实了。

好吧，"海马"和"河马"之间的混淆当然是故意的，意在讽刺，但是根据推测，关键的部位可能是小海马而不是大海马。不过说不定金斯利的预言会成真呢？我们稍后便知。

作为人类独特性的有力竞争者，小海马很快退出了这场角逐，甚至失去了它的名字。现在它已叫回了最初的命名，被称作"禽距"（calcaravis），意思是公鸡跗骨上的距突。查尔斯·格罗斯（Charles Gross）曾写过一篇有趣的文章，是关于欧文和赫胥黎之间的激烈争辩的，他在其中评论道：在纷争平息之后，人们发现禽距"还是只出现在人体解剖学课本上某个不起眼的角落，跟从前并无二致"。①

---

① 在科学网的搜索中，我找不到有关禽距功能的内容，虽然我曾经听说过一种叫作距端假管藻（Pseudosolenia calcar-avis）的浮游生物，或许正潜伏着想伺机将人类赶下神坛。

更有趣的是，查尔斯·金斯利无意间的预言竟然应验了，随着曾经的小伙伴的没落，如今大海马已被简称作海马体，并更加为人所知。之所以这样命名是因为它和这种波浪状生物非常相似。它是位于大脑颞叶内壁上的一个结构体——大概在你耳后的位置。

海马体对于精神时间之旅——我们在时间轴上穿梭过去未来的能力——来说至关重要。或许你还记得，在第二章里我们曾介绍过遗忘症病患亨利·莫莱森、K.C. 和克莱夫·威尔林的案例，他们的共同特征在于海马组织的严重损伤。黛博拉·威尔林在一部关于克莱夫·威尔林的著作中记录了观看他脑部扫描的经历，其间写道："他们发现克莱夫的问题之后开始给他注射抗病毒药物，曾经保存记忆的位置现在只剩下海马状的伤疤。"

海马体（左）与真正的海马（右）

当人们精神上漫步于过去和未来的时候，在整个系统中心引领方向的就是海马体。在前面的章节里我曾提到过类似《妙探寻凶》游戏的实验，让受试者回忆生命中的 100 个事件，然后重新编排事件中的人物、器具和场所，让长期承受实验折磨的参与者们根据这些新的安排设想未来的情况。在受试者躺在核磁共振扫描仪中为完成这一壮举努力的时候，他们大脑中被激活的区域在很大程度上与默认模式网络是一致的。这就是"精神漫游"网络，包括前额叶、颞叶和顶叶。受试者是回忆过去还是构想未来并不重要——激活区域的重叠范围相当广泛。

海马体是这一网络的中央车站，与网络内的其他区域相互连接，包括上部的皮层区和下部的情感区。它是所谓的"时间意识"或者人们知道自己身处时间轴何处背后的原因。说来奇怪，虽然海马体有损伤的人们似乎迷失在时间里，被困于当下，但对于自己未曾参与的时间里所发生的事件，他们却仍能回答相关问题——比如戴安娜王妃何时去世，又或者下一次医学界的重大突破会何时发生。海马体的职责似乎就是处理私事——个人事件的记录、检索以及个人计划的制订。

海马体似乎是个具备前瞻性的结构，前端（前部）

更关注未来，后端（后部）则关注过去。在我们《妙探寻凶》的研究里，当人们在构想未来情景后被要求记住这些内容的时候，常常是海马体的两端都处于被激活状态。也就是说，想象中的场景和真实发生的事件被记忆的方式是一样的。这或许可以帮助解释为什么有些记忆是虚构的——比如说，为什么希拉里·克林顿记得自己抵达波斯尼亚的时候曾奔跑着躲避子弹，而实际上她到达那里的时候一片宁静祥和，并且受到了热情的欢迎。或许她事先曾设想过抵达目的地后遭遇威胁的状况，于是相关的记忆便停留在她的大脑里，就好像在现实中发生过一样。但是谁又知道呢？也许连希拉里自己都不清楚。

除了在精神时间旅行中起到的作用，海马体还有另一项才能——记录空间位置。约翰·奥基夫（John O'Keefe）和林恩·纳德尔（Lynn Nadel，曾是我博士班的同学）在 1978 年编写了一本被奉为神经系统科学经典的著作，叫作《海马是一个认知地图》（*The Hippocampus as a Cognitive Map*），记录以植入老鼠海马体不同区域的微电极活动为基础展开的相关研究。他们发现，如果将老鼠置于迷宫内，微电极活动的位置与老鼠所在的位置是一致的。单细胞（又称神经元）作为位置细胞由此闻名——类似于大脑内嵌的一个全球定位系统。

　　事实证明我们人类的海马体也包含了位置细胞。在2003年出版的一篇报告里，神经外科医生在处于仪器监测状态、面临顽固性癫痫手术的病人的海马体和其他脑区内植入电极，目的是定位癫痫病灶。当患者在电脑屏幕上探索游历一个虚拟城镇时，这些电极也让医生们能够从单细胞处获取信息并记录在案。一些海马细胞会对虚拟城镇中的特定位置做出反应，毗邻区域内的细胞也会对城镇地标的视图做出反应。

　　然而海马体并不是一幅静态图。当老鼠或者人类进入全新的环境时，位置细胞的运动也会随之调整。地图也能以不同缩放比例呈现，就像是网络地图的变焦功能一样。举例来说，似乎小型地图的方位靠近海马体后端，而大型地图则靠近前端。时间的编码也是分等级的，就像是可随意调整的日历。你可以重播过去或者想象未来，不论几年之遥、几日之隔或是几分之差。海马体及相邻脑区的时空呈现错综复杂，人类目前还未能完全参透。

　　海马体的体积似乎还会为了满足空间需求而增大。伦敦的出租车司机们为了记住这座令人晕头转向的巨大城市的准确地形不得不接受广泛的培训。他们必须在不查阅地图、不参考导航系统、不通过无线电或手机咨询管理员的情况下，当即判断出最快到达乘客目的地的路线。这样的要求是 1865 年确立的，并被称作是"知识"。脑成像显示这些出租车司机的海马体和普通人相比有显著的扩展，和伦敦的公交车司机相比也大得多，因为公交车司机只需要遵循特定的路线驾驶即可。但是公交车司机在新的空间任务的学习上比出租车司机表现出色，这就说明这些出租车司机的海马体被空间信息塞得满满的，已经达到了这些小海马所能承载的极限。不管怎样，在知道自己身处何地这一点上，海马体对人类来说和对老鼠而言似乎一样重要。

老鼠的海马体和人类的一样，在放弃记忆方面也起到关键作用。人们早就注意到，如果用高频电脉冲刺激海马体内的细胞，那么这个细胞和它上端相邻细胞之间的连接（突触）就会强化。这一作用被称为"长时程增强"，持续时间甚长，有时可长达数月。这一结论最初是由挪威奥斯陆的泰耶·勒莫（Terje Lømo）在 1966 年用兔子实验证实的，但后来用老鼠进行的研究更为普遍，也适用其他物种。人们普遍认为这是记忆的基础。你的记忆是通过大脑中连接的强化建立起来的，在这一过程中海马体占据着统领全局的重要地位。这并不意味着记忆只存储于海马体。长时程增强作用会将记忆保留一段时间，但它们最终会散布到其他的脑区，而海马体会重新找到它们。

海马体与我们身处的时空信息的记录息息相关，其实一点儿也不奇怪，因为精神时间旅行本就发生在多种多样的时空。正如我之前所说，它是我们精神远足的中央车站，记录着我们精神层面的各种事情。而人类与老鼠的海马体看似相似的作用，为我在上一章提出的问题的答案提供了更多的可能：精神时间旅行究竟是不是人类所特有的？

沃尔特鼠的秘密生活

奥基夫和纳德尔在他们 1978 年出版的经典著作中写道：时间成分的增加"将基本的空间地图变为一种人类情景记忆系统"。然而问题出现了，时间成分是否存在于我们哺乳动物的祖先的大脑里？近期证据表明，即使是老鼠也会想象过去或未来的事件。

老鼠海马体中的位置细胞在老鼠去过一些特定环境后偶尔会变得兴奋，比如说迷宫，就好像老鼠能够主动记忆自己曾到过的地方，也许它们还能想象自己将会去往哪里——或可能去往哪里。这种激活作用发生于叫作"尖波涟漪"的大脑区域，这一脑区负责扫描位置细胞序列，就像是老鼠在精神上追踪了迷宫中的轨迹。这样的过程有时是在老鼠睡着的状态下发生的，或者是清醒却静止的状态。就像是老鼠重播自己在迷宫里的经历，也许是做梦，也许是白日梦——对于实验室的小白鼠来说，走迷宫大概是一天中最激动人心的事情了。而这些涟漪则显示出老鼠在精神上正由迷宫的一处游荡到另一处。

这些精神层面的漫步并不需要与老鼠真正走过的路径相对应。有时尖波涟漪扫描出来的路径恰恰与老鼠现实中走过的道路相反。这可能是与迷宫中老鼠未曾去到的某个区域相呼应的一条路径，也可能是未曾走过的不同位置间的捷径。一种解释是尖波涟漪巩固了对于迷宫的记忆，放弃了超越经验的部分记忆，最终建立起留待将来使用的更广阔的认知地图。但精神漫游和记忆的巩固很可能是同一件事情。我们做白日梦的原因之一——或许甚至是夜晚做梦——可能就是为了强化关于过去的记忆，让我们，还有老鼠，能够设想未来的事件。在第七章我会详述梦境世界的内容。

想象中的路径，如果与现实情况一致的话，比真正走上一遭可快多了。我认为我们的精神漫游也是如此。从我家走到我的工作单位大概需要一小时，而当我想象这段路程，遇到的地标，只需要不到一分钟。在精神层面，我们快速行进。虽然我们也不是很清楚，是否时间本身在精神世界的移动速度更快，又或者是否我们穿梭于不同的地点，却忽略了大部分旅程。

在另一个聪明的试验中，放置老鼠的环境有 6×6 阵型排列的 36 个食井。它们之前有从食井进食的经验，所以对环境很熟悉。然后确定某个特定的食井为能够找到食物的初始位置，诱惑老鼠去往不同的位置觅食并找到回去的路。研究人员记录了海马体不同位置的涟漪变化，发现它们与这些回到初始位置的路线是一致的，只是在老鼠们踏上归途之前就已经呈现出来了。有趣的是，这些路线往往是它们之前没有走过的。这似乎正是精神时间旅行抵达未来事件的例子。这项研究的操作者们认为海马体"在多个概念语境运行：就好像一幅认知地图，可以在启程前灵活地探索到达目的地的不同路线，正如进行所谓精神时间旅行的一个'情节记忆系统'"……换句话说，海马体能够部署一份行动计划。

详细说来，海马体的相关记录似乎还表明了在迷宫中面对选择点时老鼠的决定。用于此实验的老鼠曾经接受过训练，知道迷宫中特定的点需要做出左转或右转的选择。实验期间它们会被从迷宫中取出并放置在转轮上。当它们在转轮上奔跑时，海马体中波动变化的记录再次呈现出与它们在迷宫中所选路径相符的行动，包括下次被放置迷宫时会选择的路径。看起来老鼠们似乎在计划下一个转弯的方向。我在跑步机上的时候思绪也会游走，但我也会利用跑步时间来考虑稍后会做的事情。我们要怎样才能知道老鼠并不只是在回忆之前的尝试中所选择的路径，又或者是想象下一次将选的路径？嗯，也许是因为在转轮上跑了一会儿，它们在被放回迷宫后有时也会出错——比如，选择左转而不是右转。但是这个错误是由海马体的活动发出的，这就说明老鼠实际上计划了错误的转向。该项实验的研究人员写道，海马体内部的活动"已演变为距离的计算，也支持对事件情节的回忆以及对行动顺序和目标的计划"。

也许有一天，海马体活动记录可以帮助守门员在面对任意球时预知对方球员射门的轨迹。

我对这些老鼠实验进行详细叙述的原因是：它们似乎表明即使是卑微的老鼠也沉迷于精神时间旅行。像老鼠一样，我们也是游移在地球表面的生物，所以空间是我们漫游的根本，不论是身体上的还是精神上的漫游。

那么，我们的精神时间旅行在简单的空间运动重播和预播的基础上发展进化，其实一点也不奇怪。要找到老鼠和人类共同的祖先，你得回到 6600 万年前。在这段漫长的时间里，我们的智力水平必然会出现分化，但是在空间世界里的生存机制，空间的记忆和计划是至关重要的，并可能在进化过程中得以保存。精神时间之旅很可能是最早发展的智力的一种。它对活动的动物们来说非常重要，因为它们可以知道自己身处何地、曾去过以及要去往哪里。在第二章我介绍了一种叫作"轨迹记忆法"的助记方法，我们可以在心里将一系列事件定位至某个熟悉的地方，然后在这个地方进行精神旅行，召回这一系列的事件，这样我们就记住了它们。这无疑是源自我们祖先空间感的传承。

身为空间旅行方面当之无愧的专家的鸟类又如何呢？它们沉迷于空中旅行远远早于人类，而且与我们借助笨拙的飞行器所完成的飞行相比，姿态也优美得多。人们曾一度认为鸟类脑中不存在海马体，并由此得出了海马体对飞行有阻碍作用的轻率论调。其实，鸟类的脑组织和哺乳动物大不相同，有研究表明鸟类大脑中有一个类似于哺乳动物海马体的区域，其生长的胚胎区和哺乳动物海马体生长的胚胎区也相符。现在解剖学家确认这一区域即为鸟类海马结构。鸟类海马体不会阻碍飞行，但对鸟类的飞行计划以及采食策略至关重要。所以，藏食于多处的鸟类海马体相对较大，也就不难理解了。在这一点上，它们和伦敦的出租车司机是一样的。

当然，我们自己的精神旅行比简单的地点转移复杂多了。首先，我们的认知地图非常灵活。正如我之前提到的，它们可以变焦。让我带你进行一段简单的旅程，从想象你自己坐在桌前开始（就像我现在这样）。你可以想象桌上的其他物品——填了一半的字谜游戏、一小摞书和一个空杯子。推远些想象一下整个房间——沙发、远处墙边一字排开的书架、通往走廊的门。再推远些，在这所房子周围来一场精神旅行吧。现在我们推远到市郊——一小排商店、公交车站和十字路口。深呼吸，继续移动——到城市、国家乃至世界。又或者你也可以飞来飞去——去巴黎、纽约，或是意大利阿尔卑斯山某个想不起名字的地方。

你也可以把这许多地点和时间联系起来，虽然不够精确。地点归根结底就是时间，因为你在某一个时间只能身处一个地点。你也可以在时间里变焦、回顾或是展望，几秒、几分钟、几小时、几天、几星期、几个月、几年或是几十年。所有这些穿越时间空间的精神旅行都充满了人、事、物、情感、失望、胜利——这些丰富的素材编织出我们的生活。尽管我们忘记了生活中的很多事情，但记住的也很多——多到足够出书立传，或是令我们的同事和孩子心生厌烦。同样地，我们的计划也丰富得多，不会只是简单地选择一条新路线上班。于是就有了一个虚构的世界，占据我们意识生活大部分的杜撰的故事和幻想——关于这部分的更多内容将在第六章详述。

当托马斯·苏登多夫和我构思精神时间旅行的想法时，我们也列出了构建想象情节所需要的其他心理资源，过去的或是未来的。我们或许需要一个执行处理器来把各个组成部分建造成情节，一个可以在信息消失前掌握它的记忆缓冲器。在前面的章节我曾经提到过，苏登多夫及其同事的研究表明：儿童在 4 岁之前无法在大脑中构建和过去发生过的事件完全一致的情节。所谓沃尔特鼠具备与 4 岁孩子相当的心理机制的假设很可能无法使人信服。

但是，这些特质真的能够区分我们和其他生物的精神旅行吗？我们必须考虑周全，一方面要警惕"聪明汉斯"式的错误，认为非人类物种也具备与人类相似的特质，另一方面也要避免过度强调人类精神堡垒的坚不可摧，将所有动物拒之门外不留余地。关于海马体在情景记忆方面可能发挥的作用，大卫·史密斯（David Smith）与谢里·水森（Sheri Mizumori）在 2006 年曾有一场颇具预见性的讨论：

> 关于啮齿动物是否具备意识能力，能否进行精神旅行的问题，就留给别人去争论吧。不管怎样，心理学的历史上有关"人类特有的"认知功能的案例随处可见，而且稍后还会在所谓的低等动物身上显现出来。考虑到哺乳动物神经系统显著的同源性，以及清晰记忆过去经历的能力具有显著的适应价值这一事实，在没有矛盾证据的情况下，我们认为最保守的立场是假定啮齿动物具备一个性质与人类相似的情景记忆系统。

查尔斯·金斯利一定会为此鼓掌的。而另一个查尔斯则在《物种起源》中写下了举世闻名的句子："人类和高等动物智力上的差异，尽管显著，但毫无疑问是程度差异而不是类别差异。"

但是，有一个地方可能是沃尔特鼠的精神旅行所无法企及的，这或许可以告诉我们一些关于我们自己精神漫游的、沃尔特鼠永远想不到的事情。

第五章　在别人的思想中畅游

无论是去欺骗还是去提醒，我们人类似乎
很享受揣摩别人想法的思维过程，而且还
以此为目的创作出小说主人公。

正如我在本书开篇第一章的引用中所说的那样，实际上做白日梦的人不是沃尔特·米蒂，而是小说的作者詹姆斯·瑟伯。瑟伯在小说主人公的思想中畅游，并且给经常"走神"的主人公安排危险的任务。和小说一样，在日常生活中我们也经常假想自己是别人。一名好演员可以将自己带入到另一个人的身份中，并且感受到观众的时刻存在。甚至肥皂剧都可以把我们带入其他的家庭和场景，使我们觉得自己成了肥皂剧里的虚拟角色。我们习惯性地去判断别人的性格，想要去弄清楚别人怎么思考、怎么行事，也许这样我们才能决定是否雇佣这个人，或者是否向这个人寻求建议，甚至是否和这个人结婚。

　　我们总有一种感觉，好像知道别人在想什么，所以我们相信精神力量，或者应该称作心灵感应，仿佛大脑可以不通过任何其他感官就能相互沟通。在第一章里，我提到了德国医师汉斯·伯格的例子，他从马上摔下来的时候，尽管他姐姐身在几公里之外，不可能看到或听说这件事儿，但她竟然感知到了这一意外。伯格认为这件事可以证明心灵感应的存在，但在稍后的研究中，他没能证明心灵感应来源于脑电波的活动。尽管如此，许多知名的学者仍坚信思想可以通过无形的方式得到传递，他们甚至还相信我们可以通过心灵感应和已经逝去的人沟通。

这种想法在 19 世纪末的英国尤为盛行。1882 年，心灵研究协会（Society for Psychical Research）在伦敦成立，目的是研究心灵感应和其他诸如灵魂、恍惚、悬浮升空、与逝者沟通等精神现象。该学会的第一任主席是亨利·西季威克（Henry Sidgwick），后来他成了剑桥大学三一学院的道德哲学教授。学会的其他成员也都是知名人士，比如实验物理学家瑞利勋爵（Lord Rayleigh）、哲学家亚瑟·贝尔福（Arthur Balfour，他曾在 1902 年到 1905 年间担任英国首相），阿瑟·柯南·道尔爵士（Sir Arthur Conan Doyle，著有鼎鼎大名的《福尔摩斯探案集》）。学会里还汇聚了一群知名的心理学家，比如西格蒙德·弗洛伊德（Sigmund Freud）和卡尔·荣格（Carl Jung）。美国心理学家威廉·詹姆斯（William

James）深受英国心灵研究协会的影响，后来建立了美国心灵研究学会。

心灵感应，又称超感知觉（extrasen-sory perception，简称ESP），许多人相信这种现象存在。1979年美国的一次调查显示，在1000多名学者中，有55%的自然科学家，66%社会学家，77%的艺术家、人类学家、教育学家认为超感知觉存在或者非常可能存在。当然，学者们相信一切事物的可能性，然而心理学家的反应就没有那么乐观，只有34%的心理学家相信超感知觉的存在，而另有34%的心理学家则认为超感知觉根本不可能存在。我认为如果现在调查，或者在其他国家调查，数据将会有很大出入。证明超感知觉存在的最大困难在于它是一种远距离的效应，但是它却没有任何明显的传播媒介——比如光、声音、气味，甚至无线电波——这无论是在生理学还是物理学方面都解释不通，或者说绝无可能。

然而，也许有可能。有些人可能会将这个问题联系到物理实体的基本属性。英国物理学家约翰·斯图尔特·贝尔（John Stewart Bell）提出的"贝尔定理"认为任何符合量子力学理论的现实模型都必须是非局域的，意思是，任何粒子，只要曾经互动过，就会彼此纠缠，甚至于分开之后，这种纠缠也会继续，对其中一个粒子的观测会影响到与它纠缠的另一个粒子的反应。无论这两个粒子距离多远，这种纠缠都仍然成立，且这种纠缠是它们之间任何的物理信号都不能描述的。我们认为这样的"纠缠"同样适用于人类，尤其适用于那些现在或过去有着千丝万缕联系的人，比如情侣之间或者伴侣之间，这种纠缠可以解释超感知觉的存在。

超心理学家迪恩·雷丁（Dean Radin，曾是一位工程师、小提琴手）在他 2006 年出版的《缠绕的意念：当心理学遇见量子力学》（*Entangled Minds: Extrasensory Experiences in a Quanrum Reality*）一书中指出"贝尔定理"中所提及的远距离的物理接触可以解释超感知觉（也可以称作 psi），他得出以下结论：

在过去的一个世纪里，大部分关于物理实体的结构的基本猜想都在被修正，朝着真正心灵感应所预测的方向不断靠拢，所以我要提出"心灵感应是缠绕的宇宙中的人类经历"这一想法。目前在初级原子系统中对于量子纠缠的理解本身不足以解释心灵感应，但纠缠和心灵感应所暗含的本体论共性可以作为这一想法强有力的证据，而无视这一证据是愚蠢的。

如果汉斯·伯格多了解一点量子物理学，他就会设计一个完全不同的实验，可是那样的话，脑电图学就不会诞生，也许思想漫游这种现象也不会为人所知了。

作为一名心理学家，我十分关注这个领域的发展，我偶尔也会围绕纠缠粒子进行学术研究，但我仍十分存疑。看起来似乎纠缠的粒子同人类大脑没有什么联系。关于超自然现象我们已经做了成千上万次试验了，但公开发表的结果中的依据仍然不具有说服力，尤其我们要考虑到还有绝大部分的实验由于得出了反面的结论而没有发表。实际上，曾经有几个学生不满我对于超自然现象存在的质疑，他们和我一起进行了一次实验，然而结果是负面的，所以直到现在都没有发表。

由于大众更愿意相信一些诸如灵魂脱离肉体这样的超自然现象，骗子们就找到了一夜致富的途径，其中尤里·盖勒（Uri Geller）就是最有名的例子。他是一名以色列籍英国演员，20 世纪 70 年代在电视节目中成名，他宣称自己的表演是特异功能的展示，在他的表演中，最出名的莫过于运用念力把勺子折弯——弯曲勺子是意志力的一种体现方式。魔术师们——包括詹姆斯·兰迪

（James Randi）——很快复制了盖勒的表演，通过巧妙的手法，而不是意志力的作用。兰迪还写了一本名为《尤里·盖勒的魔术》（*The Magic of Uri Geller*）的书，后来又将其更名为《尤里·盖勒的真相》（*The Truth About Uri Geller*）。1996 年，詹姆斯·兰迪教育基金成立，以继续兰迪的事业，基金悬赏 1000 万美金寻找具有特异功能的人（如果你想挑战，请登陆 www.randi.org），到目前为止这笔奖金还没有送出去。

新西兰也有两位心理学家——大卫·马克思（David Marks）和理查·卡曼（Richard Kammann）——大力揭露了盖勒的敛财行为，他们在电视上进行和盖勒一样的表演，告诉大家这种技巧根本不是什么特异功能。他们也写了一本书探讨心灵现象，尤其分析了盖勒的表演，这本书叫作《关于超能力者的心理学》（*The Psychology of the Psychic*）。我向大家推荐这些书，可遗憾的是，这些书的销量远远不及那些宣称超能力存在的书。

虽然没有证据证明，但我们似乎更倾向于相信超越物理限制的意志力是存在的，以心灵感应、透视、隔空取物、与逝去的灵魂沟通等形式存在。在某种程度上，这可能只是大家的一厢情愿，想到逝去的人的灵魂仍然存在，我们还能和他们沟通，确实让人感到安慰。或者说，我们更愿意相信自己的身体虽然会逝去，但灵魂会永久存在。心理学家保罗·布罗姆（Paul Bloom）著有《笛卡尔的婴孩》（*Descartes' Baby*）一书，书中指出，我们从生来就和笛卡尔一样，相信哲学二元论，相信思想可以脱离身体而存在。布罗姆认为这种想法为人类所固有。

当然，这并不是说我们的思想实际上独立于我们的身体，而是说我们从一开始就相信这种说法。事实上，除了我们这些勇敢的心理学家和唯物主义的神经学家以外，很难让所有人相信我们人类只是由肌肉和骨骼构成的生物体，我们大脑里的物质过程决定了我们的思想和行动。而二元论认为思想可以脱离身体、甚至脱离物质世界而存在，所以相信二元论本身就是一种大脑的"漫游"。

心理理论

不管思想是否被大脑的机能所束缚，我们都很渴望拥有知道别人想法的能力，这种能力被称为"心理理论"。并没有足够的证据显示这种能力是由非物质的，比如纠缠的粒子导致的，它更多的是一种本能，建立在一些并不能被我们所觉察到，但却能被感官捕捉到的细微的线索基础上。这种能力中的一部分也许是一种文化共享。来源于同一文化的人们对相同的情景会做出相同的反应——例如我们会为同样的社交错误而尴尬，为同样的胜利而欢欣鼓舞，为同样的失去而难过。我们分享各种感官知觉——我们看到别人所看到的，听到他们所听到的，闻到他们所闻到的。我们甚至通过讲故事来和别人分享我们的大脑漫游（讲故事这种方式本身会是下一章的主题）。我们也会通过观察来推断别人的脑子里在想些什么。

萨利—安妮测试（Sally-Anne Test）很好地诠释了这一能力，这一测试旨在测出儿童是否有能力理解他人具有错误的想法。被测的儿童会看到两个娃娃——萨利和安妮，萨利手里有一个篮子，而安妮有一个盒子，萨利把一颗弹珠放在篮子里然后留下篮子离开了房间，而安妮把弹珠从篮子里拿出来放进自己的盒子里，之后萨利回到房间。看了整个这一幕之后，孩子们会被问到一个问题：萨利会到哪里去拿她的弹珠？4岁以下的孩子普遍会回答萨利会到盒子里去拿弹珠，也就是弹珠所在的位置，而大一点儿的孩子则已经明白萨利没看到弹珠被移动过，他们会得到正确的答案，即萨利会去篮子里拿弹珠。他们明白萨利会有错误的想法。在某种程度上，他们知道萨利的想法，并且知道萨利的想法不同于他们的。

令人感兴趣的是，4岁以下的孩子有时好像也能理解别人在想什么，虽然他们不能表达出来。一个有名的匈牙利研究显示，7个月大的婴儿就已经可以被另一个人的想法所影响。在那个研究中，被测的婴儿们观看一段皮球滚动到帘后的影片，有时皮球停在帘后，有时皮球会滚动到看不见的地方。影片里有一个卡通小人也在看着皮球，但他有时会离开，过一会儿再回来。当他离开时，皮球的位置可能会改变，有时卡通小人觉得皮球在帘后，但实际皮球根本不在，有时情况恰恰相反。当卡通小人回来、帘子被掀开时，他的猜测会落空，而这时被测的婴儿们也会更长时间地盯着屏幕，因为他们似乎想看到卡通小人惊奇的表情，就好像他们能够读出那小人的想法似的。

这一实验证明理解他人的想法能够影响婴儿的行为，虽然他们还不能够用语言表达出他们的理解。而同样的研究发现成年人也会受到同样的影响，成年人的行为既受到自己思想的影响，也受到别人思想的影响。研究人员写道：

> 我们了解自己的想法，也能轻易地洞察别人的想法，这一发现对于我们而言是个问题，因为这样一来我们的行为就会受到别人想法的影响，而有时那些想法并不能正确地反映目前的事态。然而，当他人的想法变得十分容易获得时，复杂社会群体里的个体间交流效率将会得到大幅的提升。因此，这种推测别人想法的强大机制可能是人类独有的"社会感"的核心部分，同时也是人类极其复杂的社会构造可以不断进化的认知先决条件。

这种社会感也许是我们在很小的时候就具有的，甚至也许是我们先天就具备的。

那么，在推测别人想法的过程中，大脑的哪些部分被激活了呢？为了找到被激活的部分，研究人员会给被测者讲述故事，故事里面的情节会引导被测者推测别人的想法，被测者在听故事的同时接受脑部扫描。其中一个故事是这样的：约翰告诉艾米丽他开着一辆保时捷，但是实际上他的车是一辆福特。而艾米丽对车的牌子一无所知，因此相信约翰开的是保时捷。当艾米丽看到车的时候，研究人员会询问被测者艾米丽认为车是什么牌子的，大部分人都会理解艾米丽错误地认为车是保时捷。对他人错误认识的理解再次激活了我们大脑中的默认模式网络，因此可以证明思想漫游真的可以带领我们走进他人的大脑里。

别人的对事物的认识可能和我们完全不同，我们可以理解这一点，这种理解似乎是心理理论最明显的例子。这种理解对于社会的和谐尤为重要，它使得我们可以纠正别人错误的想法——或者说至少可以尝试纠正。例如有人可能会告诉艾米丽约翰在说谎，他说的话不能相信；又或者我们可以直接告诉约翰艾米丽对汽车品牌一无所知，这样约翰可以通过欺骗艾米丽从而达到自己的目的，当然这种欺骗只是暂时的。在一个宽容的社会里，重要的不是我们理解了别人的认知是错误的，而是我们理解每个人都有着对事物不同的认知。我相信很多人都不赞同我关于心灵感应不存在的观点，但是他们可以理解我持有这一观点，并且可能有点遗憾我的执迷不悟。

心理理论具有一种可循环的属性，也就是说，理解之中还包含着理解。我可能相信你相信我相信圣诞老人的存在；或者我可能相信你为我觉得难过，因为你相信我不相信心灵感应的存在。心理学家大卫·普力马克

（David Premark）把这一循环发挥到了极致，他曾写道："女人认为男人认为她们认为男人认为女性的性高潮和男人的不一样。"好吧，如果我们再进一步说，普力马克其实也是个男人，所以以上的句子也只不过是他认为的。无穷尽的循环可能是由人类想要欺骗的天性造成的。如果我知道你了解我的想法，我就会做出一些与自己的想法截然相反的行为来欺骗你。有个古老的犹太人笑话很好地说明了这一点：一个男人在火车站遇到了一个生意对手，他问对方要去哪里，对方回答说要去明斯克。那个男人说："你告诉我你要去明斯克，因为你想让我以为你实际要去的是平斯克，但是我恰好已经知道了你就是要去明斯克，所以你为什么要骗我？"

正如英国诗人和小说家沃尔特·斯科特爵士（Sir Walter Scott）[①]所说的："哦，当我们开始说谎，我们织了一张多么纠缠的网啊！"

实际上，人的读心能力有高有低。我们通常所说的"精神性盲"就是这种能力的最低端，从而引发了自闭症。举一个有名的例子，一位叫作天宝·葛兰汀（Temple Grandin）的女性拥有农业科学的博士学位，并

---

① 这段引用并不是莎士比亚的作品，它来自斯科特的叙事诗《玛米昂》（*Marmion*）。

就职于科罗拉多州立大学，她的自闭症并不影响她的智商，她著有几本书，其中三本写的是她自身的情况。她天生缺乏一种自然而然的社会理解能力，为了搞清楚自己究竟该如何在社交中保持得体，她不得不依赖于对他人行为十分细致的观察。而这种细致入微的观察，使她研究动物行为时受益匪浅。她最近出版的一本书《我们为什么不说话——以自闭者的奥秘解码动物行为之谜》（*Animals in Translation: Using the Mysteries of Austism to Decode Animal Behavior*）被 BBC 拍成了一部纪录片，不过片名有点不好听，叫作《像牛一样思考的女人》（*The Woman Who Thinks Like a Cow*）。

很明显，天宝·葛兰汀患有高功能自闭症，又叫作阿斯伯格综合征。这样的人通常能够通过他人错误想法的测试——比如萨利—安妮测试，但是测试时他们必须依赖口头推理和明确指导。正如我上面所写的，正常的婴孩几乎是本能地表现出对于错误看法的理解，尽管他们还不能用语言表达出来，但是当卡通人物错误地以为一个物品被藏到某个地方的时候，他们会一直盯着那个地方看。患有阿斯伯格综合征的人则不会这么做，这就说明他们对于别人错误的想法缺乏自然而然的理解。

处于读心能力低端的是像天宝·葛兰汀这样的人，

而据说处于读心能力另一端的人则对于别人的想法有着强迫性的敏感，他们更容易患上妄想症、异想天开或者精神分裂。

苏格兰精神病学家R.D. 莱恩（R.D.Laing）在他的一本命名恰如其分的著作《心有千千结》（*Knots*）里曾描述过一种复杂的、循环性的精神状态，这种状态会被社交关系的错乱所引发，或者可能引发社交关系错乱。下面是一段节选：

吉尔：我很难过你难过。

杰克：我并不难过。

吉尔：我很难过你难过，可你不为我的难过而难过，这令我很难过。

杰克：你很难过我难过，可我没有为你的难过而难过，这让你难过，我很难过，但是一开始我并不难过。

进化生物学家威廉·D. 汉密尔顿（William D. Hamilton）描述过"善于与人打交道的人"和"善于与物打交道的人"。前者更愿意和其他人来往，喜欢八卦、看小说，也许觉得别人在揣摩自己；而后者——诸如电脑高手、工程师、许多科学家——并不在意别人想什么。大家都会觉得女性更倾向于与人打交道，而我们这些冷漠无情的男人更像是善于与物打交道，不过我也能举出一些反例，就像天宝·葛兰汀那样。其实反例也不少，不过，这种关于人的话题我又哪里有发言权呢，毕竟我是个冷漠的男人。在做事时，两种人我们都需要，毕竟我们的世界充满了复杂的人和物需要去探究。

哲学家丹尼尔·丹尼特（Daniel Dennett）把读心称作"意向立场"，意思是我们会认为人们是"故意"做一些事的。"意向立场"这个概念在这里的应用很宽泛，并不局限于故意地采取某种方式。它还包含其他的主观状态，如信念、渴望、想法、希望、恐惧、担忧，等等。根据意向立场理论，我们同他人交往时，主要是依据我们所认为的他人的想法，而不是依据他人的身体素质——虽然从我早期在橄榄球场上和恋爱中的经历来看，身体素质也是有点儿参考价值的。当你在昏暗的小巷里碰见一个陌生人，通过观察对方的表情，意向立场可能会部分地决定你的反应，但是也有可能通过判断对方的块头有多大，所谓的"体质立场"可能也会参与决定你的反应。

执业医师们，或者说脑科大夫们可能把人统统当作物品来对待，当我们的生理机能出现问题时，他们会像进行机械修理一样对我们进行治疗——这里搭个桥，那里移除一块组织，或者用药品来捕捉那些入侵到我们肌体内部的病菌。心理学家在这方面似乎各不相同：行为学家不考虑思想的作用，他们只是把人和动物当作有行为的物体。天宝·葛兰汀就是一位自然行为学家。社会心理学家对于性格、态度和信念等更感兴趣。临床心理学家倾向于认为心理问题都是思想的问题，而不是生理问题，应该用谈话而不是吃药的方式来治疗。而建筑师和设计师就要两方面兼顾了，他们既要考虑身体需求又要考虑美感，鞋子漂亮是很好，可是穿上也必须舒服才行。

就像我们会用一些物理参数来描述人，我们也会给一些物体赋予人的性格属性，或者说人的主观状态。由于汽车、轮船、飞机、甚至于房屋具有内部可容纳人的属性，它们经常被赋予女性的特征，被称为"她"。我爸爸的农耕卡车的名字叫露西（女名），但是我曾有过一辆车，叫斯坦利（男名），这名字也是极其符合其特征的。在漫漫历史中，甚至史前，人们经常赋予无生命的物体以人性——比如星星，也会将形容人的特性用来形容动物。人们把自己养的宠物猫狗当作人来对待。特别是儿童书籍，里面充满了会说话的动物，比如维尼熊、大灰狼、唐老鸭、小猪罗宾逊等。

动物能否读心？

我们想要弄清楚有什么东西是人类独有的，就会想知道动物到底有没有思想？在虚构作品中，可能它们有思想。动画片《小熊维尼》里面的屹耳驴曾经抱怨过："如果大家都能多为他人着想，世界将会不同。"在现实生活中，有些动物的确对其他人或动物的痛苦表现出同情心。灵长类动物学家弗兰斯·德·瓦尔（Frans de Waal）拍摄过一张大猩猩的照片，照片中一只少年猩猩将一只胳膊搭在另一只成年猩猩的肩膀上以示安慰，因为成年猩猩刚刚在一场争斗中落败，但瓦尔同时指出猴子就不会这样做。然而，一项研究显示，当拉动链条来获取食物这种方式会触动机关引起一只猴子痛苦时，它的同伴就不会这样做，这说明猴子可以理解这个举动会给同伴带来痛苦。另一项研究显示，甚至是老鼠在承受痛苦时，如果看到其他老鼠同样处于痛苦之中，对于自己所受痛苦的反应就会更加强烈。很多人都说狗会对它的主人表示同情，猫却不会。猫的确不太同情我们——

它们是感情的掠夺者!

理解别人在想什么，或者他们相信什么，这很复杂，但是相对来说理解别人的情绪是一项基本的生存技能，而且这种技能无疑来源于远古时的人类进化。人类的不同情绪有不同的外在标志。在莎士比亚的《亨利五世》中，国王推崇愤怒的力量，他要求军队：

> 模仿老虎的动作；
>
> 绷紧筋肉，鼓起热血，
>
> 用可怖的怒火掩饰你们温和的个性；
>
> 让两眼圆睁……

亨利五世的敌人懂得亨利的军队的情绪，正如羚羊可以看懂正在猎食的老虎的情绪。关于外在情绪的最好说明可能来自于查尔斯·达尔文的《人类和动物的表情》(*The Expression of the Emotions in Man and Animals*)，这部作品详细地描述了猫和狗表达恐惧和愤怒的方式，但达尔文在作品中也没有忽视积极的情绪。

在传递喜悦和欢欣时，动物很有可能会做出很多无意识的动作，发出各种各样的声音。我们在小孩子身上也可以看到这样的喜悦表现，他们高声大笑、拍手，甚至高兴得跳起来；即将和主人出门散步的狗也会用跳跃、吠叫来表现心里的喜悦；面对着一大片空旷田野的马儿也会蹦跳着表达这种喜悦。

然而，我们总想知道，除了能够读懂彼此的表情以外，动物是否还具有更多的能力。许多人把研究的焦点放在和人类亲缘关系更为紧密的黑猩猩身上，很明显，对于自己的同伴能看见什么不能看见什么，黑猩猩还是有些了解的。在一项研究中，当强壮的同伴看不到食物时，一只黑猩猩会去拿食物，但是当强壮的同伴能看见食物时，这只黑猩猩就不敢去拿了。同样地，如果强壮的同伴没有看到食物被藏起来的一幕，这只黑猩猩会去找到食物，或者它的同伴没看到食物被转移到另一个地方，它也能找到。而且，如果它的同伴——那只强壮的黑猩猩看到了食物被藏起来，然后就和它分开了，换另一个同样强壮、但对食物的位置一无所知的黑猩猩和这只黑猩猩一起，它也会找到食物，这就说明这只黑猩猩一直很关注其他同伴都知道什么。

有很多战术欺骗的例子。单纯的欺骗在本质上很普遍，比如说蝴蝶翅膀的保护色，又比如说澳洲琴鸟模仿其他动物声音的神秘能力——它甚至可以模仿一种啤酒开罐的声音。可是战术欺骗却不一样，战术欺骗是建立在理解被骗动物的想法，或者知道它们所见所知的基础上的。苏格兰圣安德鲁大学的两位心理学家——安德鲁·怀特（Andrew Whiten）和理查德·伯恩（Richard Byrne）曾对所有实地研究灵长类动物的研究者们发出号召，希望他们可以提供动物们运用战术欺骗的记录。他们对收集的记录进行了筛选，去掉了那些动物们可能通过试错法习得了骗术的案例，最后得出结论：只有4种动物会偶尔地运用战术欺骗——在理解别的动物的所见所知的基础上进行欺骗，而现实中的案例少之又少。只有黑猩猩可以运用13种不同类型欺骗中的9种，而和人类亲缘关系更为紧密的大猩猩反而只能运用2种欺骗类型。也可能是大猩猩作为人类灵长类的表亲，尤其注重合作和互相信任，或者按照心智理论衡量，它们的能力比人类稍差，相对而言，从无伤大雅的善意谎言到赤裸裸的骗局，人类显然更偏好和擅长骗术。

1978年，心理学家大卫·普力马克和盖伊·伍德拉夫（Guy Woodruff）曾合写过一篇文章，题目稍有迷惑性，叫作《黑猩猩是否拥有心理理论》（*Does the chimpanzee have a theory of mind?*）。这篇文章在当时引发了很多研究，但最终也未能得到确定的答案——因为看上去我们人类虽然很能够理解其他人类的想法，可是却不太擅长解读黑猩猩的想法。但是，这一领域的两个专家，约瑟夫·考尔（Josep Call）和迈克尔·托马塞洛（Micheal Tomasello）通过 30 年的研究得出结论：黑猩猩能够理解同伴的目的、意图、看法、认知，但是不能理解它们的信念或渴求。现在还没有研究能证明黑猩猩可以将错误的想法归因于另一只黑猩猩。

然而，在理解想法方面表现最优异的动物可能并不是黑猩猩，而是我们的忠实朋友——狗。在理解人类想法方面，狗似乎具有秘密诀窍，它们能够很快理解人用手指发出的指令。例如，在狗面前放两个装食物的容器，人用手指指向装了食物的那个，狗就会知道用手指这个动作暗示的是食物。当食物不在狗的视线范围内时，如果人指向它身后的容器，它还是可以顺利找到食物，而实验证明狗的选择与嗅觉无关。哪怕人简单地在放食物的容器上面放置一些其他的东西来标记不同的容器，狗还是可以做出正确的选择。没怎么和人接触过的小狗也可以做到上述事情。反观黑猩猩在这类任务中的表现则差得多了。

狗是从狼进化而来的，而狼却不会有这样的表现，可见狗可以理解人想法的关键在于狗经历了驯化过程。然而，令人奇怪的是，狗的驯化过程并不是由人类所驱动的，至少在一开始不是。布莱恩·哈尔（Brian Hare）被世人称作"研究狗的人"，他认为狗最初是从在人类留下的垃圾中翻找食物的狼进化出来的，它们在进化中存活概率很高，因为它们不害怕和人类接触，在人类的环境中可以自在地生活。用哈尔的话说就是"最亲善的存活了下来"。但是，不知从何时起，人类开始重点培养狗的"乖巧"这一特点，并开始了有选择的繁殖，以培养出我们今天所看到的狗的不同种类。（我最喜欢的狗么？当然是新斯科舍诱鸭寻回犬①，它们被训练得会摇动着尾巴吸引鸭子，并将鸭子引向猎人。）而另一些狗则被驯养回到一种野性十足的状态，去看家护院，进攻入侵者。过去罗马人就有这样的警告——小心恶犬。偶尔我们也会读到某只狗突然兽性大发，咬伤人类的新闻。在新闻的最后，通常都会有应该将这种动物灭绝掉的威胁，但是大部分的狗还是很友善、很忠诚的，同时也是解读人类思想的专家。

另一种同样没有受到人类影响而经历驯化的动物就是倭黑猩猩——黑猩猩的近亲，和黑猩猩一样同人类

---

① 好吧，其实我也没有见过这种狗，我只是真心喜欢它的名字。

具有紧密的亲缘关系。但是从性格上看，倭黑猩猩和黑猩猩是完全不同的。黑猩猩侵略性强、争强好胜，公猩猩经常攻击母猩猩和幼小的黑猩猩，而倭黑猩猩则友善团结、彼此关爱、善于分享。它们利用交配代替争斗来解决争端。遗憾的是，由于野生动物贸易猖獗，倭黑猩猩几乎在刚果盆地绝种，幸好后来成立了洛拉亚倭黑猩猩保护区，又称为"倭黑猩猩的天堂"，倭黑猩猩才获得了应有的保护。奇怪的是，动物在被不断驯化的过程中似乎大脑也变得越来越小。和差不多体积的狼相比，狗的大脑尺寸要小，而与黑猩猩相比，倭黑猩猩的大脑尺寸也小一些。同样，就尺寸而言，我们人的大脑也要略微小于目前已经灭绝的尼安德特人的大脑（Homo Neander-thalensis，现代欧洲人祖先的近亲）。所以，我们要警惕那些头部略大的人，也许我们能从奥利弗·戈德史密斯（Oliver Goldsmith）的诗歌《乡村校长》（*The Village Schoolmaster*）中获得安慰：

> 他们仍然注视着，心理充满好奇。
> 那小小的脑袋可以装载如此多的知识。

一直困扰着动物思想研究的基础问题就是，我们人类是否和其他动物之间截然不同。大部分的宗教教义都建立在一个前提下，即我们人类实际上处于一个独特的层次，虽然我们的原罪降低了我们的层次，但在本质上我们更接近天使而不是猿猴。笛卡尔也认为人类因拥有非物质的精神而具有独特性，而动物则同机器没有差别。反对这一想法的当然就是达尔文一派的进化论者，他们的经典反驳曾被我引用在之前的章节中："人类和高等动物智力上的差异，尽管显著，但毫无疑问是程度差异而不是类别差异。"我的想法是，我们和我们的灵长类祖先之间的确存在着一致性，至少在理解他人思想的能力上是一致的，但人脑的复杂度较高。[1] 实际上，正如我之前所说的，我们人类可以把这种能力拓展到一种不断循环的深度，远远超出黑猩猩世界里的浅显能力，这种能力的加深是由不断增加的欺骗的复杂度引起的，而这种复杂的欺骗就是所谓马基雅维利思想（Machiavellian mind，又称为狡猾的思想、权术思想）的产物——正如马基雅维利自己在《君主论》

---

[1] 在 1977 年发表的一篇文章里，托马斯·苏登多夫和我曾提出过心智理论和精神时间旅行驱动的是大脑里的同一个系统，而这两者都是人类独有的。现在，我的观点是，人类和动物之间的一致性要比我当时所认为的大很多。如果想了解人类在上述两方面的独特性这一内容，请阅读苏登多夫的新作《空缺的进化：人类与动物的区别是什么》（*The Gap: The Science of What Separates Us from Other Animals*，纽约：基础图书出版公司，2013）

里写的："欺骗骗子，你的快乐会翻倍。"尼古拉斯·汉弗莱（Nicholas Humphrey）曾以讽刺的口吻将欺骗和阴谋的交织描绘成："提升人类总体知识水平的自动机械表"。

无论是去欺骗还是去提醒，我们人类似乎很享受揣摩别人想法的思维过程，而且还以此为目的创作出小说主人公。小孩子们，尤其是学前阶段的幼童们，常常拥有幻想的玩伴，他们喜欢和幻想中的朋友分享自己的秘密。在别人的思想中畅游和精神时间旅行，一起为人类共有而又独有的一个特点提供了平台——这一特点就是讲故事。

第六章　故事：叙事创造了人类

不论怎样，我们可能都会赞同法国心理学家兼精神治疗医师皮埃尔·让内的说法："叙事创造了人类。"故事让我们人类的精神生活得以延伸，变得无边无界。

精神旅行或许不是我们人类所特有的，不论是简单的时空穿梭，还是以获悉他人想法为目的揣摩。老鼠也具备一定的跨越时间进行精神旅行的能力，可以在迷宫中想象过去或未来的活动，黑猩猩对同类在想些什么也隐约有些概念。我们可能会认为自己的精神漫游比其他物种更丰富、更有趣、更具个人侵略性，但人类真正的特别之处似乎在于分享我们的精神漫游的能力。我们可以通过故事的讲述带着其他人一起漫游。文学学者约翰·奈尔斯（John Niles）认为，我们人类应该更名为"叙事人"（Homo narrans）——讲故事的人。

　　虽然看起来我们是唯一会讲故事的物种，但我们的叙述能力或许有进化先例。作家兼文学理论家布赖恩·博伊德（Brain Boyd）认为故事源于游戏——一项在进化过程中由来已久的活动。游戏意味着为了娱乐或享受而做些什么，并非出于什么严肃目的，而且常常需要扮作与自己不同的样子。许多动物都玩游戏，从嬉戏的猫咪、玩耍的鹦鹉到跳来跳去的小狗或是嬉皮笑脸的猴子，我也曾读过有关爬行动物嬉戏内容的文章。群居物种比独居物种更爱玩耍，捕猎的物种也比那些被猎杀的物种更爱游戏。这也许是因为捕猎相对于逃生需要更多的技巧，而游戏正是对新策略进行试炼的大好时机，游戏内容通常为模拟的追赶或攻击，通过针对真实情境的练习来提升生存适应性。当小狗啃咬玩闹的时候，咬和被咬的双方都知道这不是真的咬，不会流血也不会掉肉。小狗有他们独特的"邀玩"动作以表明它们玩耍的欲望——蹲伏于前爪，保持后肢站立，同时还会摇尾巴。相比之下我4岁的小孙女就直接得多，她会坦白地告诉你："陪我玩儿。"

　　游戏也可以跨越不同的物种进行，尤其是人类和狗，似乎特别喜欢一起玩耍。其中最常见的要数"抛接游戏"，就是我们抛出小棒、球或者飞盘让狗来接，常常还会出现淘气的小家伙在送返物件时不肯松口的状况。杰伊·梅克林（Jay Mechling）引用的一篇报告里曾提及一名男子与他名叫莎娜的狗玩"香蕉炮"游戏的内容：

每天的早餐时间，当约翰剥香蕉的时候，莎娜就会变得很兴奋。她坐在地上，距离约翰大约五英尺远，等待约翰开始他们的"香蕉炮"游戏。约翰："我咬一截香蕉，然后像发射炮弹一样从嘴里喷射出去。她真的非常棒，离很远都可以接住。"

跨越物种的游戏并不仅限于人类和他们的宠物狗。人类学家格雷戈里·贝特森（Gregory Bateson）讲述过一只温顺的雌性长臂猿和一只同样温顺的雌性幼犬之间进行的游戏。长臂猿会从走廊屋顶的椽子上下来轻轻地对幼犬发起攻击，引其来追赶自己，然后它会沿着走廊一路跑进卧室而不是撤回椽子上的安全地带，因为它知道自己将会被困在那里，而游戏双方的主被动关系也会随之发生逆转。现在它可以反过来去追幼犬，把它逼回走廊里，这时再选择撤回椽子上，整个游戏就可以从头再来过。这一系列行为有时会重复七八次。

但是这种游戏并不是故事，因为它们发生在当下。故事的第一个要素就是"从前"，这一元素会把整个行为从此时此地抽离，带到过去或未来，带去另外的地方，带入别人的生活，或许真实，或许虚构。故事的第二个要素是叙述。故事有繁复的结构，通常还遵循一定的顺序——事件随着时间的推进逐步展开，描述详尽。故事的第三个要素在于它也可以被并未出现在其中的其他人分享。个人的精神时间旅行成了共享的精神时间旅行，不管讲述的是出国旅行还是想象中的冒险经历，又或是为下一次旅行所做的切实计划。故事是个大熔炉，其中既有真实经历，也有虚构的幻想，有工作也有娱乐。正是通过故事这种形式，个人经历变成了社会群体乃至整个文化的共同经历。

故事源于游戏这一点在学龄前儿童的生活中尤为明显，因为他们似乎就活在一个幻想的世界。的确，在正式上学之前，许多孩子都被送到"幼儿游戏组"，这一名字足以证明游戏在他们年轻的生命中的重要性。他们在两三岁的时候开始尝试简单虚构的故事，到五六岁就能讲出有模有样的故事了。他们似乎特别喜欢有危险元素的故事，就好像有趣的涉险活动能帮他们应对日后生活中真正的危险一样。

故事的起源或许可以追溯到人类以采集狩猎为生的时代，我们的祖先讲述他们的觅食经历的时候。这样做的意义可以从现在的采集狩猎部落得到证实。据说在东巴拉圭的亚契人（Aché people）群体里，每个人都要对其他人详细讲述他这一天里遇到的每一个猎物以及相遇后的经历。这样的交流可以让整个族群更加熟悉地形地貌，知晓猎物可能出现的地点，掌握更多的狩猎技巧，正确对待成功和失败。觅食作为一种谋生方式，涉及对广袤地域的勘察与探索，这或许可以追溯到早更新世[①]，始于 260 万年前，并延伸至约 12000 年前。在这个时代，随着概念的延伸，觅食也包含了有效狩猎的部分，再加上狩猎范围的扩大和地域差异的增长，有效沟通的压力也会随之加大。孩子们也会为男人们讲的故事或是女人们重复的故事而着迷，并在自己开始狩猎之前获得一些关于食物来源和狩猎技巧方面的知识。

祖父母也可以提供很多帮助。和当今其他以采集狩猎为生的群体一样，在新墨西哥州北部的吉卡里拉阿帕切人（Jicarilla Apache），也是由大家族的长者来给孩子们讲故事的。这一安排很可能源于更新世[②]，这或许能够解释为什么人类经过进化后即使超过育龄仍然可以生活得很好，还可以给孙辈讲讲故事，完成智慧的传承。米歇尔·杉山（Michelle Sugiyama）也认为故事讲述有助于解释青少年时期的延长——在适应成年人的生活、狩

---

① 第四冰川更新世的第一个时期。——编者注
② 亦称洪积世，地质时代第四纪的早期，分为早、中、晚 3 期。——编者注

猎的艰辛甚至生儿育女繁衍后代之前，他们要学习的东西实在是太多了。

采集狩猎是很危险的，尤其是在更新世时期的非洲草原上，凶猛的剑齿虎四处游荡。这就更加凸显了分享知识和专门技能的好处，特别是当有人在行动中丧生的时候，他们的智慧依然可以流传下来。但是故事并不仅仅是知识的交流，还包括游戏和幻想的感觉，虚构的地点和异想天开的构建，以及文化信仰的创造。在很多方面，讲故事的能力可以提高整个群体的生存率，虽然有时候是以牺牲个人为代价的。

讲故事也可以确立社会阶层，至少在传统社会，这似乎尤其适用于男性群体，在公开场合侃侃而谈的能力是获取地位和影响力的手段。安妮·萨尔蒙德（Anne Salmond）写道，对新西兰的毛利人（Māori）来说，"演讲术是进入权力游戏的基本资格"。男人们高谈阔论，随着貌似旨在吸引注意的声音的深化，萨尔蒙德继续写道，一位伟大的毛利演说家"大喝一声并一跃而起，即刻便掌控了全场"。无独有偶，社会人类学家大卫·特顿（David Turton）在提及埃塞俄比亚西南部的穆尔西人（Mursi）时写道："一位有影响力的人最被人津津乐道的特质，就是他在公开场合说话的能力。"同样的标准或许也适用于城市生活。按照人类学家兼民俗学家、非裔美国人罗杰·亚伯拉罕（Roger Abrahams）的说法，在费城市中心居民区，"健谈的人在群体的社会结构中占据重要地位，不只是在青春期阶段，而是贯穿其一生"。就在我写这篇文章的时候，一位男士接任另一位成了澳大利亚的新总理，三名野心勃勃的男子正在争夺新西兰反对党的领导权，想要与现任的总理（也是一位男士）一较高下。在争权夺利的过程中口才似乎起到了至关重要的作用。当然，大家也希望看到能言善辩的演说家不乏谈资。

其实不只是男性，不久之前澳大利亚和新西兰的总理还都是女性，而且女性在语言运用方面相对于男性群体还具备一定的优势，至少在现代社会是如此。虽然他们在使用语言的方式上可能存在着差异。男性似乎更倾向于把语言当作是一种公开展示的形式，就好像孔雀翎；而女性则更容易参与一些亲密性的交谈，比如闲聊八卦，通过语言寻求陪伴而不是获取权力。女性的交谈或许更具破坏力，这种交流方式承载着男性无法察觉的微妙差异。或许我是受到某些影响才这样觉得。

语言就此诞生

或许在早期阶段，故事的讲述不过是人们试图表达自己的经历时，所做的手舞足蹈式的哑剧表演。可是打手势的效率太低，而且常常含混不清容易引起误解，需要发展成一个表意清晰的、能够让群体内所有成员理解的符号体系。我曾经在莫斯科的一家宾馆尝试向前台的服务人员借用开瓶器，由于对俄语一窍不通，我只能借助各种手势来表演：打开瓶子，把虚拟的液体倒进虚拟的杯子，举到唇边并发出咕噜咕噜的声响。前台人员惊愕不已，等终于弄明白我的意图，她们不禁哑然失笑并找来了我想要的东西。如果我能够简单地说明我想用一下开瓶器的话，就不用这么大费周章了。

在更新世早期，我们的祖先所能理解的繁复动作（比如一路追捕并杀死猎物）最初可能是通过身体动作表现出来的，但此后会形成惯例，以确保表意清晰。在终极版本里，整个过程不会以完整的形象化的形式呈现，独立的动作会被设计成特定的指代内容：动物、长矛、投掷动作、位置，或许还包括时间（昨天或是今早之类）。每一个动作都会简化成一个标准的模式，不需要再保留哑剧般的形象化元素。群体的所有成员会就这些特定动作的涵义达成共识，并传授给自己的后代。在失聪群体发明手语的过程中，我们也可以看到这种手势示意的形式。

一旦示意动作形成了惯例，哑剧元素便不复存在了，很大程度上有声动作取代了身体动作。尽管如此，我们之中的许多人，尤其是意大利人，在交谈时还是会保留手部动作。这些形象化或者空间线索的补充，使得我们想表达的内容更加详尽，有时我们会完全依靠手势交流。你可以试试问大家什么是"旋涡"。通常用词语很难形容，于是大家会求助于手势。手语确实保留了哑剧元素，但是经验丰富的手势示意者不会注意这些。动作已经化为符号，而不再是移动的画面。不论是比划姿势还是发出声响，这些形成惯例的符号都被称作"词汇"。

于是，人们制定了一些规则来表达次序以及故事要素之间的关系。这些规则决定了词汇应遵循的顺序。顺序也可以随意调整，但一旦确定就必须要使叙述的内容清晰无误。于是乎就产生了"语法"。许多简单的事件都包含语言学家所谓的施动者、行为和受动者。举例来说，这个事件可能是一位女士（施动者）挑了（行为）一个苹果（受动者）。这些成分以词的形式呈现并充当句子的主语、谓语以及宾语，而它们所遵循的顺序完全是约定俗成。英语是"主谓宾"结构语言，但其他语言中的大部分是"主宾谓"结构语言，比如拉丁语中的动词是放在句子末尾的。全世界7000多种语言，一共有6种顺序结构，其中最罕见的是"宾主谓"结构语言，仅包括4个已知语种（你旅行时也许会去到说这些语言的地方，它们分别是：委内瑞拉的Warao，巴西的Nadëb，澳大利亚东北部的Wik Ngathana，印度尼西亚西巴布亚省的Topati）。

有些语言会用到一些其他的方法来标记主语、谓语、宾语之间的不同，以及在用词语设定场景或事件时所需要的详细说明地点、时间、数量、质量和其他细节的符号之间的差异。一些这样的语言被称作是"乱序的语言"（scrambling language），因为语序已经不再重要。沃皮瑞语（Walpiri），一种澳大利亚的语言，就是一个例子。拉丁语也可以语序置乱而表意不变，因为其复杂的后缀系统已经使得主语和宾语、特定的时态、数目及其他诸如此类的要素异常清晰。不管构成方式如何，语言都是一种手段，让我们可以讲述复杂的事物和故事，脱离当下，去到其他时空，甚至有时还会闯进别人的意识，除了记忆力和关注的持久度以外，不受任何其他限制。

如果语言真的如许多人所猜测的，发展自手势，那么它更早的起源一定是动作示意而非声音示意，在这一方面，可能要一路追溯到我们灵长类祖先的习性。语言的技术性细节或许不是来自于叫声，而是来自于以抓取为目的的手部运动。猴子和类人猿的叫声主要是出于激动的情绪或是本能反应，与直接语境紧密相关，大多对故事讲述毫无帮助。相比之下，它们双手的运用却灵活且有明确目的性，似乎是为传达事件的信息而特别设计过的。确实，"抓取"这一概念在我们的话语中似乎仍然根深蒂固，如果运用比喻的话。grasp 这个词本身也有"理解"的意思，如果你理解我的意思的话。comprehend（理解）和 apprehend（领悟）来自于拉丁语中的 prehendere，意思是"抓住"。intend（打算），contend（斗争）和 pretend（假装）来自拉丁语中的 tendere，意思是"用手去够"。我们可以 press（发表）某个观点，expression（表达）和 impression（印象）也暗含"发表观点"的意思。我们 hold（进行）对话，point out（指出）目标，seize upon（抓住）想法，grope for（寻找）字眼——好让你 catch（听懂）我的意思。在视觉层面也说得通，就像我所希望的，你能够 see（明白）我的意思。

语言的发明一定是在人类从类人猿分离出来之后。虽然教会类人猿说话的努力均已惨淡收场，但黑猩猩、倭黑猩猩和大猩猩在简单的符号语言学习方面却非常熟练。由休·萨瓦戈·鲁姆博夫（Sue Savage-Rumbaugh）所饲养的倭黑猩猩坎兹（Kanzi）堪称其中的明星人物。坎兹可以在特制的排字板上指出不同符号并以此进行交流，还能通过对会使用手语的大猩猩可可（KoKo）的观察学到一些手势，并用做自己符号示意的补充。自然环境中生长的类人猿在相互交流的过程中会用到非常多的身体动作，通常是在玩耍的情景下。罗宾·邓巴（Robin Dunbar）认为语言源于整理仪容，即动物之间温和地为彼此梳毛清理的行为，这也是一种巩固社会关系的重要手段。与之相关的另一交流行为是"指向性瘙痒"，比如黑猩猩会有意识地去抓它想要别人帮它清理的身体部位。

就在有声语言取代手势还是种猜想的时候，琼·奥尔（Jean Auel）把她的小说《洞熊家族》（*The Clan of the Cave Bear*）设定在约27000年前的冰河时代，那是早期人类与尼安德特人并存的时代。5岁的小女孩艾拉在一场地震后沦为孤儿，家人全部丧生，而她自己最终被尼安德特人收养。故事中的尼安德特人不会说话，只能通过手语交流。当然我不应该把虚构的小说当作合理的科学证据，但奥尔真可谓是早期人类和尼安德特人方面的专家，而且尼安德特人对手语的使用在她的其他小说里也是一个主题。比较奇怪的是，《洞熊家族》中的尼安德特人既不会说话也不会哭或笑，所以当他们看到艾拉哭的时候，还以为是她患了什么眼病。而事实上，即使是黑猩猩也是会笑的。在奥尔的小说里，尼安德特人也能够通过心灵感应进行交流。

在某种程度上，真正的尼安德特人与我们人类的祖先确实曾有过性接触。他们的灭绝距今不过 30000 年，而且我怀疑他们和我们一样，能清楚地说话。从手势到有声语言交流方式的转变在更新世时期可能是缓慢进行的，而且至今尚未结束。我们在说话的时候仍然会做出手势，而且与我们的有声语言相比，失聪人士及一些其他的群体所使用的手语一样有效、一样具备语言学层面的复杂性。那么，为什么是有声语言被采纳并最终占据主导地位呢？我认为原因有很多。除了在说话时挥舞手臂的长期习惯之外，说话也使我们的双手解放出来，用于制作工具、负重，或者照料婴儿。语言本身也是一种身体姿势，舌头、嘴唇和声带的运动，有条不紊地在口腔中进行着，除了一些间歇性活动（比如吃饭或者接吻）什么都不妨碍。我们教导孩子不要在吃东西的时候说话，并且心怀同情地看待约翰·多恩（John Donne）1633 年的诗作《爱情的圣徒》（*The Canonization*）中痛苦的恳求：“看在上帝的面上，闭上嘴，让我爱你吧。”

与身体语言相比，有声语言也远没有那么劳累，因为它只增加了一些非常细微的运动和呼吸负担，而为了生存我们本来也需要呼吸。另外，在看不见对方的黑夜，语言依然可以传情达意——这一属性完全可以被应用于无线电和手机通讯。类似的优势我还可以举出很多。[①]

但不论语言还是手势，我们人类都获得了其他物种力所不能及的高端技能。与我们最接近的非人类亲戚——类人猿，就不会讲故事，就算用手势示意也不行。它们最多可以提出一些简单的请求，或者是对简单的指令做出回应。创造符合语法规则的语言并向听者转述故事的能力似乎是人类独有。而这样的特性究竟是来自想象事件的内部结构，还是只与此类事件的讲述相关，至今依然争论未决。不论怎样，我们可能都会赞同法国心理学家兼精神治疗医师皮埃尔·让内（Pierre Janet）的说法：“叙事创造了人类。”

---

① 详见我 2002 年的作品《从手到口：语言的起源》（*From Hand to Mouth: The Origins of Language*, 普林斯顿：普林斯顿大学出版社），该书自 2003 平装本发行以来已相继被译成土耳其语（2003）、意大利语（2008）以及日语（2009）多个版本。

我们所讲述的故事

在更新世期间，我们的祖先逐渐形成了一些在我们看来是人类专属的特性。更新世见证了人属（Homo）的形成，虽然目前只剩下智人（Homo sapiens）这一分支。我们祖先大脑的尺寸增至 3 倍，完全直立的姿态以及双脚步行的方式提升了在广阔地域漫步的能力——随着身体漫游能力的提升，精神漫游层面无疑也受益匪浅。我们的祖先建立起所谓的"认知领域"，通过知识共享和故事讲述，最终在险恶的非洲大草原生存下来。故事使人们团结起来，并且创造了文化。每一种文化似乎都有自己特有的英雄传奇和探索故事，由此建立一种大家拥有共同祖先的意识。在现代社会，这些大多会以文字的形式流传下来，但是在尚无文字出现的社会，故事的世代传承需要通过语言和手势来完成。这其中或许还有许多故事是语言难以表达、外人无法得知的，但流传下来的故事有许多共同的特点。

我们人类大约出现在 20 万年前，此前我们没有任何关于故事的记载，但是世代流传的关于现代文化的故事可以帮助我们理解故事的本质和相关内容。它们与实用知识的分享一样，与创世神话有着莫大的关系。澳洲原住民可以讲述至少 5 万年前他们逃离非洲来到澳洲的故事。他们也会讲述所谓的黄金时代，那是一个先祖之魂创造世界的神圣时代，其中有些如神灵般的人物远比其他人更强大。在澳大利亚东南部，是全能的神拜艾梅（Biame）最初创造了动物，又以它们为模板创造了人类。而在北部地区，是阿伦特人（Arrernte）的天空神奥特基拉（Altjira）创造了地球。黄金时代坚持梦想、长期持续的信念和传统的设定。梦想的故事以神话人物为载体，以歌舞的表现形式传遍整个澳洲，甚至打破了说不同语言的群体之间的壁垒。这其中涵盖了很多的主题，关于人、地方、法律和习俗。对于母亲来说，孩子在出世之前是以小精灵的形式存在的，出世之后就成了永恒的存在。基督教里也有类似的创造故事，全能的神，还有死后的永生。

毛利人抵达新西兰不过 750 年左右，他们在他们的第二故乡有一段更近的历史，但是他们也通过口口相传的办法保留下来一些复杂的故事。毛利人的传说是关于备受人们爱戴的半人半神的英雄毛伊（Māui），他住在一个叫作夏威基（Hawaiki）的地方 ①，拥有神奇的力

___

① 不是一些人猜测的夏威夷（Hawaii）。毛利移居者们可能是从波利尼西亚中东部的某处搭船而来的。

量。一天在海上，他将神奇的鱼钩抛向船边，感觉到鱼线另一端强大的拉力后，在兄弟们的帮助下，他拉上来一条大鱼，他们称之为"毛伊之鱼"（Te Ika a Māui），这就是后来新西兰的北岛。新西兰的南岛被称作"毛伊的独木舟"（Te Waka a Māui），而南部尽头的斯图尔特岛则是"毛伊的锚石"（Te Punga a Māui），毛伊在卷起鱼线收获大鱼时稳稳地把船定在那里。虽然传说中毛伊做了这么多事情，但发现这片新大陆的其实是伟大的波利尼西亚航海家库普（Kupn），而奥特亚罗瓦——"白云之乡"则是新西兰在毛利语中最广为接受的名称。当然，毛利的传说还有很多，包括关于世界的创造和战争的故事、歌曲、诗歌和祷词——基本上在任何宗教信仰中都能找到这些元素。

有一个奇怪的例外是毗拉哈人(Pirahã)，他们是生活在巴西亚马孙河沿岸的一个遥远的部落。丹尼尔·埃弗雷特（Daniel Everett）以传教士的身份去往那里，想要学习他们的语言并为他们翻译《圣经》。他发现他们的语言用西方的标准来衡量的话太过贫瘠，只有非常少的词汇和间接的指代过去和未来的表达方式。据埃弗雷特所说，他们不会创造小说，也没有创世神话或传说。但是与毗拉哈语相关的穆拉语（Mura）却有表示过去概念的丰富文本。或许毗拉哈人是在某个阶段从穆拉人中分离出来的一个分支，并在这一过程中失去了对历史和过去的感知，甚至还可能压抑了自己的过往。埃弗雷特与他们共同生活了很多年，他在记录中曾提到毗拉哈人绝不是思想贫乏——他们很喜欢和他讨论宇宙哲学，并分享关于宇宙起源的见解，尽管他们没有自己的记录材料。埃弗雷特似乎对他们的生活方式印象尤为深刻，甚至放弃了自己基督教的信仰转而成为一名无神论者，现在他是美国的一名语言学教授。

大多数社会都有自己的故事和创世神话，在尚无文字出现的时代，这些通常是以诗或者歌曲的形式表达的。韵律对记忆来说似乎是一种强有力的辅助。随着写作的出现，人们对韵律这种辅助手段的需求不再像之前那么强烈，虽然他们还是会教给孩子们一些韵文来帮助记忆一些序列，比如字母表、元素周期表或者彩虹的颜色之类。比如这首小诗，就给出了数学常数 π 的前 21 位数字：

Pie（派）

I wish I could determine pi（我多希望我能确认 π）

Eureka, cried the great inventor（我找到啦！伟

大的发明家喊道）

Christmas pudding, Christmas pie（圣诞布丁，
圣诞派）

Is the problem's very centre.（就是这个问题的
关键。）

你只需要简单地数出每个单词中的字母个数，然后在
3 后面点上小数点就可以了（3.14159265358979323846）。
但是，利用歌谣帮助记忆也有弊端，大概就是我在第一章
里曾提到过的"魔音绕耳"——那些歌谣和小调会占据你
的大脑久久不肯离去。如果这首《派之歌》不肯离去，我
建议你把它转赠给有可能用得上的人，虽然这可能不算什
么有用的礼物。如果你真的想要记住精确到这么多数位的
π 的话，也最好使用轨迹记忆法，就像第二章里说明的那
样，或者直接用谷歌来搜索。

即使是在写作以及再后来的印刷机出现之后，以
长诗形式所著的史诗故事仍然存在了很长时间，因为其
中的韵律仍然是有效的记忆辅助，能让这些故事如实无
误地代代传颂。已知最早的文学故事应该是《吉尔伽美
什史诗》（*Epic of Gilgamesh*），距今大约 4000 年。
吉尔伽美什是苏美尔的国王，以友人之道对待恩奇都

（Enkidu）——诸神为阻止吉尔伽美什对子民的暴政而创造出来的野人。吉尔伽美什与恩奇都在雪山打败了守护大山的神兽洪巴巴（Humbaba），后来又打败了女神伊什塔尔（Ishtar）因求爱遭拒而派来报复吉尔伽美什的天之公牛。作为报复，诸神杀死了恩奇都。悲痛万分的吉尔伽美什由此开始了对永生的漫漫追寻。他虽然已经逝去，但他的伟大成就使他的名字永世流传，而这个故事本身也为后来的很多小说作品提供了依据。这样的故事承载了各种各样的情感，故事塑造的英雄和恶人的形象也成为人们在社会中的行为方式的模型。

其他的例子还有荷马所著的《伊利亚特》（*Iliad*）和《奥德赛》（*Odyssey*），大约可以追溯到公元前8世纪。近些的例子包括14世纪但丁的《神曲·地狱篇》（*Inferno*）和乔叟的《坎特伯雷故事集》（*Canterbury*），17世纪约翰·弥尔顿的《失乐园》（*Paradise Lost*），18世纪晚期塞缪尔·泰勒·柯尔律治的《古舟子咏》（*Rime of the Ancient Mariner*）以及19世纪拜伦勋爵的《唐璜》（*Don Juan*）。虽然史诗已经被散文形式的故事或者长期连续播映的肥皂剧远远地抛在了后面，但这一形式还有延续，澳大利亚作家、诗人克莱夫·詹姆士（Clive James）在1974年出版了讽刺史诗《侨民 Prykke 的伦敦文坛朝圣之旅：悲剧》（*Peregrine Prykke's Pilgrimage Through the London Literary World: A Tragedy in Heroic Couplets*）。我听说他正在写另一本。

布赖恩·博伊德指出，宗教思想本身源于故事多于教义，而宗教故事通常是与一些神奇的事迹相关。在《圣经》中，"诗篇·77:14"写道："你是行奇事的神，你曾在列邦中彰显你的能力。"《新约》中的"四福音书"记录了耶稣所行的 37 件神迹，包括医治病患，变水为酒，以及水上行走，而耶稣本人也被视为"上帝之子"，由处子之身的玛利亚受圣灵感应而生。

犯罪小说

一旦写作被发明出来，故事就变得更加多样化，而且流传也更为广泛。即使如此，它们还是在塑造英雄和强化道德观念方面发挥着重要作用。为了证明这一点，让我们举一个看似不太可能的例子：犯罪小说。谋杀以及其他犯罪形式总是出现在从圣经到莎士比亚作品的各种故事中，虽然在现代犯罪故事里它们已呈现出新的惯例，大多建立在工业社会骗局的基础之上。你也许会觉得人类对谋杀的迷恋只会助长蓄意的伤害，而不是促进和平合作，但是犯罪故事就像古老的史诗，本质上其实是道德故事，因为犯罪者总能被逮捕并受到应得的惩罚。如我们所知，犯罪小说很大程度上是西方文化中的一种现象，在很多方面颇具特色，尤其是对英语语言的运用，但是它们所表达的主题都具有普遍性。

现代犯罪故事与关于谋杀暴行的古老传说的区别或许就在于以英雄形象出现的侦探。直到 19 世纪中期，侦探故事这一颇受欢迎的文学体裁才出现，代表作家有埃德加·爱伦·坡（Edgar Allan Poe）和威尔基·柯林斯（Wilkie Collins）等。侦探英雄的范例是阿瑟·柯南·道尔的夏洛克·福尔摩斯，在追捕卑鄙的莫里亚蒂的时候他是道德的守护者，同时他也是智力超群的怪才，凭借着非凡的观察力和演绎推理能力屡破要案。

他甚至是心怀抱负的科学家们的榜样——抓捕罪犯就好像找到了希格斯玻色子①（尽管开销小得多）。当然，福尔摩斯并不真的存在于柯南·道尔想象之外的真实世界，可是因为备受大众喜爱，所以早已被广泛地认作是确有其人，如果不是神的话。当柯南·道尔在

① 粒子物理学标准模型预言的一种自旋为零的玻色子。——编者注

1893年出版的《最后一案》中将他杀死时遭遇了巨大的公众压力，最终不得不在1903年发表的《空屋》中让其复活。

夏洛克·福尔摩斯用全然不同的、通常是异乎寻常的特性来建立虚构侦探的惯例，吸引我们进入他们的意识，以此开阔我们原本的眼界。约翰·巴肯的《三十九级台阶》和其他间谍故事的主人公理查德·汉内，可能是英国公立学校价值观的原型，坚毅的上唇，无所畏惧——或者至少习惯于不表露恐惧。类似的惯例是赫尔曼·西里尔·迈克尔的小说《名媛双胞案》，以及伊恩·弗莱明的詹姆斯·邦德，一个不断在流行电影中制造暴力行为与混乱状态的家伙。但是可能广大读者对极端爱国主义的英雄人物已心生厌烦，而虚构的侦探人物往往更加温和，人格面貌还常常有些古怪。多萝西·塞耶斯的小说记述了英国贵族的原型，拥有超长名字的彼得·迪阿斯·布雷登·温姆赛勋爵。阿加莎·克里斯蒂创造了挑剔的比利时人赫尔克里·波洛，当她厌烦他的时候便引进了一位上了年纪的未婚女性，这位简·马普尔小姐似乎可以边打毛线边发现一些揭露真相的重要线索。吉尔伯特·基思·切斯特顿塑造的牧师侦探布朗神父似乎再次风靡于我们的电视机屏幕上。最近的例子是亨宁·曼凯尔刻画的性情孤僻的库尔特·维兰德，伊恩·兰金描绘的放浪形骸的约翰·卢布思，还有萨拉·帕瑞特斯基笔下意志坚强的女侦探 V.I. 华沙斯基。不得不说的是，现实中的侦探其实要平凡乏味得多，至少从他们偶尔在电视上露面时的姿态或者在现实中的嫌犯在起居室集合前（这真的会发生吗）他们的状态来判断，是这样的。

进入了虚构侦探的意识，我们便能够去往通常无法进入的地方，接触到平时无法触及的社会元素。苏格兰犯罪小说作家伊恩·兰金在最近的一次访谈中说道：

> 侦探拥有完美的人格，是看待整个社会全貌的一种完美的方式。我想不出来还有什么其他的身份可以让你接触到社会的方方面面……（侦探可以带你）出入银行，接触政客、CEO、企业家，当然也包括一无所有的人、被剥夺权利的人、失业者、吸毒者以及性工作者。[①]

犯罪小说实际上是"引导性精神漫游"的一种训练，将我们送往不同的时间和地点，进入不同人的意识。

① 节选自 2012 年 11 月 3 日《新西兰听众》的访谈。

犯罪小说的另一个特点，是让我们对可能发生的危险事件保持警惕（但其实我们并不希望这样），并奉上遭遇同样状况时他们可能采取的应对方案，让我们以更充分备战的状态去解决问题。然而犯罪小说也有其阴暗面。它将导致受害人被害的原因公之于众，也许可以帮助读者逃脱现实中的谋杀，但是也存在另一种可能，即小说是受现实的指引。1994 年由彼得·杰克逊（Peter Jackson）执导的电影《罪孽天使》（*Heavenly Creatures*）就是根据真实事件改编而成的，该片讲述了两名新西兰女学生谋杀了其中一人的母亲的故事。当然，故事的结局是二人被捕入狱，其中之一以安·佩里（Anne Perry）的笔名开始写作，现在已经成为国际知名的犯罪小说作家。[1]

谋杀以外

当然，并非所有的小说都是杀气腾腾的。很多小说描绘的都是日常生活，只不过冠以丰富的想象力来强化读者的理解，或加深其感情投入。我们可以漫游于书中人物的意识世界，体验感同身受的险境和危机。游戏和

① 她已在公开的采访中承认了自己的过去。

小说其实也是一种社会评论。查尔斯·狄更斯的小说不仅生动地刻画了19世纪的伦敦，也精心设计了情节以凸显穷人的生存状态，引发社会改革。狄更斯开辟了连载小说的先河，由此读者们开始殷切盼望每一次更新的内容———一种广播节目制作中惯用的技巧，之后又被应用于电视节目。他也完善了讽刺漫画这一艺术形式，塑造出令人过目不忘又夸张的人物形象，比如费金、尤赖亚·希普和匹克威克先生，等等。

正如古代小说中的诸神，现代小说中的人物也常常打破讽刺漫画的局限，具备超乎常人的能力。特别是儿童故事，随处可见会说话的动物、仙女和各种超自然的生物，《哈利·波特》系列电影的巨大成功充分展示了这一点。不可思议的超自然现象能够被读者接受吗？也许想象力的超常发挥能让我们更好地理解可能发生的事情，虽然更多情况下是美好愿望得以实现的产物。如果我们会飞，变得无比强壮，能够用思维控制事情——在面对这个世界的时候，我们就可以解决很多问题。詹姆斯·邦德和超人的创造源于一种历史悠久的传统，一种关于拥有超凡能力的英雄们的传统。

小说，与其他的游戏形式一样，常常得不到人们的重视，大家或许会觉得小说中的内容不过是些幻想，是对现实生活的逃避。有些人认为，我们应该打消孩子们看漫画书或者看电视的念头，让他们帮忙洗洗碗或者收拾一下房间。尽管种种研究表明，小说可以唤起读者的共鸣，增进解读他人想法的能力，使我们更加了解他人。大脑成像可以呈现出阅读所激活的脑区和有关思维理论的脑区之间的重叠区域。在一项关于小说与非小说阅读量的对比研究中，研究人员发现读者的共鸣现象与其小说阅读量呈正相关，与非小说阅读量呈负相关。最近还有一项名为"文学性小说阅读可以提升思维理论"的研究。如果想在社交界有所进展，做个书虫要比做个技术型的书呆子有用多了——不过需要重申一点，正如我在前一章讲到的，我们也需要能修理洗衣机、会装配电脑的人。备受尊敬的心理学家、精神病学家唐纳德·赫布（Donald Hebb），也是我的良师益友，在我们毕业时曾提到，相比仔细钻研实验心理学方面的学术期刊，小说的阅读其实可以让我们学到更多实用的心理学知识，而且学习过程也更加有趣。

当然，语言的用处不仅仅是分享故事，我们也用它来分享知识——虽然我发现在讲课的时候偶尔加一段故事更容易让学生们保持清醒。知识本身也常常具有故事性。比方说，近代物理学中就满是古怪又无所不能的实体，像介子、重子和夸克——当然还有被称为"上帝粒子"的希格斯玻色子。或许这些就是古代神话中的恶魔和诸神的现代版本吧。

如果有什么能够定义人类的独特性，那一定是讲述故事的能力，以及使其得以实现的语言的发明。正如我在前一章里所表明的，尽管其他动物（甚至包括老鼠）或许可以在有限的领域进行有限的精神漫游，但是故事让我们人类的精神生活得以延伸，变得无边无界。通过故事的影响力，我们学会了建造高楼大厦和大城市。语言本身的内容也变得愈加丰富，不再是单纯地讲述故事，而是包含数学的发明、计算机的强大力量、互联网的符号资源以及无所不在的移动电话等诸多方面的综合体。故事将叙述和游戏结合起来，使我们能够构建各种高楼大厦，真实的或者虚构的。我们的精神漫游早在我们能够以物理方式做到之前，就已经带我们奔赴月球、登陆火星了。

但是富于创造性的部分不仅仅来自于我们的记忆和故事，也有一些脱离我们意识控制的其他来源。

第七章　夜之虎：走进弗洛伊德的世界

梦并没有为我们的清醒时光提供任何的精神养料，反而激活了我们的潜意识世界，为我们日后更多的精神漫游创造了新的领地。

我们沉睡时的梦境，正是大脑在漫无边际地遨游。和沃尔特·米蒂的白日梦一样，夜间的梦境也会激活默认模式网络——我们大脑中广泛分布的网状连接，在第一章中出现过，当我们没有集中注意力时，默认模式网络就会开始活跃起来。梦境还是一种故事，带有叙述的结构，其中的事件按照时间顺序一一展开。我们经历梦境，仿佛它们是真实发生的，但在这方面它们和白天的精神漫游又不一样。假设沃尔特·米蒂是一个真实的人物，那么他一定知道自己实际上并不在一架大型的、带有八个引擎的、疾驰的海军水上飞机上面，而是正坐在焦虑不安的妻子身边，驾车行驶在高速公路上。的确，他在做白日梦，可是这和我们睡觉时常常做的梦不同。

虽然我们的大部分梦境都很像真实发生的事件，但我们偶尔也会经历几次"清醒梦"，在"清醒梦"里我们清楚地知道自己在做梦。如果梦境的内容有些令人不快或者害怕，我们可以想办法让自己醒来从而逃离梦境。有种方法对我似乎管用，就是强迫自己睁开眼睛——一种非常矛盾的做法，因为有时我只是梦见自己睁开了眼。最近一次我试图这样做的时候，不知怎么回事，我并没有成功地唤醒自己，反而进入到另一个关于我醒了的梦境，又或者我梦到了整个睡了又醒的过程。正如美国歌手碧昂丝所唱的那样，也许"生活就是一场梦"[①]，我们不得而知。

当我们睡觉时，我们在"快速眼动睡眠"（REM）和"非快速眼动睡眠"（NREM）两种状态间不断转换。在 REM 阶段，梦境十分形象，且持续时间长，这个阶段每隔 90 分钟来临一次，所以每个晚上我们会经历三次或四次 REM 阶段。当人们从睡眠中醒来时恰好处于 REM 阶段，他们说自己 80% 的时间都在做梦，但是当人们醒来时处于 NREM 阶段，他们觉得自己只有 10% 的时间在做梦。然而，令人奇怪的是，处于 NREM 阶段的人们认为自己在被叫醒之前脑子里有很多想法掠过——估计自己 23%~80% 左右的时间在思考。这就表明，在 NREM 阶段人脑中的想法是以思想的方式而不是以梦境的方式

---

① 年纪大一些的读者们可能会在另一首歌中看到过这句歌词，1852 年首发的《划呀划，划大船》，但是真的有年纪那么大的读者么？

存在的。可是在睡眠开始前的 NREM 阶段，人们称会有简短但却十分生动的幻觉体验，这种幻觉被称作"入睡前幻觉"，占 80%~90% 的时间。这种幻觉和 REM 阶段的梦境不太一样，它们简短、稳定，做梦人并不参与其中。而在 REM 阶段的梦境里，我们一般都会参与，甚至是痛苦并参与着。

常常由视觉驱动的部分大脑皮层，也会受到这些幻觉的刺激而活跃。一组日本的研究者识别出由视线里的物体和景象引起的大脑视觉区域的活动规律，然后记录三个被试 ① 志愿者在临睡前相应大脑区域的活动。当被试被叫醒后，他们被要求描述出在被叫醒之前大脑里出现的所有视觉图像。研究者能够根据视觉区域的活动规律预测出图像的内容，准确率达到 60%——并不完全准确，但是比碰运气的概率要高出很多。随着图像技术的提升，未来我们一定不需询问就能够准确预测出人们的梦境，那将会是对隐私的极度侵犯。

梦境的内容很少重复，但梦境的一大特点就是——它是由记忆的片段组成的，有时这些片段的组合方式很奇特。做梦的人在梦境里可以接受所有不可能的事件，比如飞翔、一个人的脸被嫁接在另一个人的身体上；梦

① 心理学实验或心理学测验中接受实验或测验的对象。——编者注

里的情景是荒谬的——上一刻我回到了学校的宿舍，下一秒就在悬崖边的危险小路上穿行。两件事情都来自于我的记忆，但在梦中却衔接在一起。虽然梦境的基础是记忆，可我们关于梦境的记忆却很脆弱。实际上，所有的梦都注定会被遗忘，除非我们在做梦时恰好醒来——就算你恰好记得梦的内容，你记得的也很可能只是梦境的预演而不是梦境本身。为何梦境会被遗忘是个解不开的谜，因为做梦时，海马体被激活，而海马体是记忆系统的中枢。一种说法是负责管理记忆形成的大脑前额叶部分，在做梦的过程中没有被激活。另一种说法是由于单胺能系统的惰化，大脑处于一种不同的化学状态，一定程度上阻碍了记忆的形成。又或者做梦时海马体很活跃的原因是它正在进行记忆的合成加工——重新组合过去的记忆，所以不能形成新的记忆来记录梦境本身。

无论是什么原因，缺少对梦境本身的记忆很符合我们自身的情况，因为这样一来我们就不会混淆梦境里的内容和实际发生的事件了——虽然我们有时也会混淆。尽管大部分的梦境都被忘记了，但它有时会有一种神秘的、广袤的、可持续的、独一无二的存在感，正如维多利亚时期的诗人阿尔弗雷德·丁尼生勋爵（Alfred, Lord Tennyson）在他的诗《两个声音》（*The Two Voices*）中所写的：

> 而且，有些东西
> 带着神秘的微光轻触我
> 似乎像被遗忘的梦的一瞥——
>
> 也许感觉到了什么，仿佛就在眼前
> 也许完成了什么，却不知道在哪里
> 没有语言能说清楚

几次 REM 睡眠阶段是由脑干深处的一个结构协调在一起的，这个结构叫作"pons"（拉丁语"桥"的意思）。尽管我们闭着眼睛，视线被黑暗阻挡，但 REM 阶段的梦境是由视觉主导的，除视觉外，还包含一半的听觉元素，30% 的运动或触觉元素，但不含有嗅觉和味觉元素。我们可以梦到走路或跑步，甚至于下肢瘫痪的人也可以梦到自己行动自如。这也是思想适应我们需要的一种表现，尤其是在人类进化的初期，由于睡眠时我们的身体更容易遭到攻击，于是梦境中的运动反映出人们时刻警惕夜间的捕猎者。而现实中我们行动的局限也令我们不能在现实世界重现梦境，这样也避免了灾难性的后果，有时这种局限也会出现在我们的梦境世界。研究睡眠的专家艾伦·霍布森（Allan Hobson）描述这种现象时说道："当我们想跑得再快一些甩掉幻想出来的梦境中的杀手时，那种双腿无力的感觉特别讨厌。"

REM 睡眠始于胚胎阶段，在胚胎 3 个月时达到顶峰，那时的胚胎一直处于 REM 睡眠中，但是胚胎的梦境不具有任何现实世界的意义。稍后，在胎儿出生之前，NREM 睡眠阶段和清醒阶段开始出现，与 REM 阶段一起形成循环。出生之后，婴儿分别处于三个阶段的时间是均等的，随着婴儿成长，REM 睡眠阶段也在逐渐地缩短，最后固定在每晚 1.5 小时左右，我们生命的大部分时间里，每晚的 REM 睡眠时长都是 1.5 小时——大概就是我们看场电影的时间。但是，梦境本身在人的一生中发生的变化很小。学龄前儿童也做梦，不过他们的梦境比较简单、静态、没有情绪，做梦人也不会参与其中。有些孩子有夜惊症，但这并不是由做噩梦引起的，而是由不正确的叫醒方式引起的。大卫·福克斯（David Foulkes）发现当处于 REM 睡眠阶段下被唤醒时，7 岁以下的孩子觉得自己只有 20% 的时间在做梦，而成人却达到 80% 或 90%。梦境也许和精神时间旅行是平行发展的。正如之前解释过的，直到 4 岁，一个孩子才能在思想中脱离现实，在头脑中产生自己处于其他地点、其他时间的一些连贯的场景画面。在 7 岁左右，梦境开始具备叙事的性质，包含可以移动的主人公，做梦者自己也参与进来。

梦境的缓慢发展引发了一个问题——动物是否也做梦？实际上，许多动物都具有 REM 睡眠阶段，但在鸟类中，似乎只有刚孵化的小鸟才会具有 REM 睡眠。NREM 睡眠阶段只出现在陆地动物的睡眠中，其起源要追溯到 2 亿年前哺乳动物产生时；而 REM 睡眠是在 1.5 亿年前有袋类动物分离出来时才加进来的。5000 万年前，随着有胎盘的哺乳动物的产生，REM 睡眠逐渐成了动物睡眠的固定组成部分。袋鼠的 REM 睡眠时间仅仅是我们人类的1/10。养狗的人认为宠物狗在炉边睡觉时也做梦，因为它们有时会轻微地抽搐，并发出细小的声音，但是关于它们可能梦见的东西，我们只能猜测。动物的梦境不太可能同人类梦境一样具有叙事性质——虽然我们在第四章里讲到过老鼠似乎梦到在迷宫里走来走去。

REM 睡眠阶段并不是只产生梦境，这一阶段在调节体温方面也起到了至关重要的作用。鸟类和哺乳动物都是恒温动物，它们的体温都是由自身控制的，然而它们体内的温控系统则完全依赖于足够的 REM 睡眠。如果不让老鼠睡觉，哪怕仅仅剥夺它们的 REM 睡眠部分，它们也会全部死于新陈代谢和体温调节紊乱。这表明了 REM 梦境只是 REM 睡眠的附带功能，相当于副产品，本身并不重要。这些梦只是我们额外的收获，正如汽车销售员想要卖掉的是车，而不介意搭上一套车载音响。尽管如此，人们还是孜孜不倦地探求梦境中所充斥的半随机的、纷乱的影像和感觉背后的含义，丝毫不理会这就和探求茶叶的形态和星座排列的方式一样——意义不大。

古代的学者们相信梦境是由诸神和魔鬼所控制的，他们还相信梦境能够预知未来，这种想法一直持续到现在，而且似乎无懈可击。据说亚伯拉罕·林肯曾在遇害前两星期梦到过自己被刺杀，马克·吐温在他的哥哥死于爆炸前的几个星期也曾经说过他梦见他哥哥的尸体躺在棺材里。人们经常宣称自己在一些惨剧发生前有过预感。1966 年，在威尔士的小村庄艾伯凡，一场暴雨引发了山体滑坡，村里的学校被压塌，139 名学生和 5 名教师丧生。英国心理医生约翰·巴克（John Barker）对于超自然现象很感兴趣，他在报纸上刊登问卷，询问是否有人在这次意外之前有过预感，后来他收到了来自英格兰和威尔士的不同地区的 60 多封信，其中一半以上的寄信人都说自己曾在梦中预感到事件的发生。

这些预感不可能成为超自然现象的证据，它们很可能是基于恶劣天气状况的影响，也可能是在悲剧发生后，人们篡改了梦境的记忆，使之与实际发生的事件相吻合。我们都知道，人们对于梦境的记忆很少、很零散，与其说是真实回想起来的，不如说是拼凑编织的。我在第二章里面解释过，哪怕是关于日常生活的记忆，也可能是故事，而不会像录像视频那样可靠。有些人和动画片里的屹耳驴一样，总是杞人忧天，觉得不好的事随时都可能发生，当然也会时常梦见一些事故、惨剧，早晚他们的梦境会变成现实。

至少鲍勃·迪伦（Bob Dylan）在他的歌曲《我觉得有种改变在即》（*I Feel a Change Comin'On*）里面很怀疑梦境是否能够能变成现实。他认为就算梦境是真实的，对他而言也没有意义，因为人有更重要的事情要做，而不天天做梦。

走进弗洛伊德的世界

西格蒙德·弗洛伊德被称为现代精神分析心理学之父，他认为梦境并不是诸神和魔鬼的创造，而是人类大脑潜意识的产物。潜意识容纳了很多令我们困扰的思想元素——性、恐惧、侵略性，或者谋杀，这些元素来自于我们的动物本能，但由于社会规则限制，我们不得不压抑这些本能。精神分析的目的就是揭示大脑潜意识里隐藏的想法，从而帮助病人面对他们精神病症的真正根源。弗洛伊德曾写道，梦境是"通向潜意识世界的道路"，它们为我们提供了窥见一些被滤掉的思想的机会。尽管如此，那些思想也不是显而易见的，它们隐藏在一些符号中，需要我们去解读才能了解这些符号想要隐藏什么。至少在弗洛伊德的世界里，禁忌的性欲似乎占有主导地位，武器或工具是男性性器官的代表符号，上下梯子或楼梯象征着性行为，复杂的机器"很可能"是男性的生殖器，山水景色亦是如此，"尤其是那些带有桥和葱郁山林的景象"，"桌子，无论表面是否有覆盖物，都象征着女性"。

　　正如许多人所指出的，这种观点的弊病在于我们可以将任何东西都解读为性元素，然后根据幻想而不是事物的本质得到结论。我曾经试着想出一件无法和性扯上关系的物体或事件，但没能成功（此处欢迎建议）。弗洛伊德认为精神病症的背后经常隐藏着被压抑的性遭遇，这一想法成为20世纪80、90年代精神疗法中的前沿思想，我们在第二章里也提到过。这一想法再次犯了"肯定后件"的逻辑谬误。例如，一次与女性交往的不幸遭遇可能会反射成一个关于桌子的梦，但是，我们也会因为一些和真正的桌子发生关系的生活经历而梦到桌子。我可以很权威也很理性地说，人有时候梦到的就是性本身，不需任何符号来象征。

据说出版于1900年的《梦的解析》是一部富有洞察力和学术高度的理论著作，弗洛伊德本人对自己书中阐述的思想也不是信心十足，所以在他1906年写给他的朋友威廉·弗里斯（Wilhelm Fliess）的信上写道：

> 你会不会想到有一天，一块大理石碑会被竖立在这栋房子的前面，上面刻着这样的话，"1895年7月24日，西格蒙德·弗洛伊德博士解开了梦境的秘密"？目前我觉得这种事情发生的可能性不大。

弗洛伊德也提到了他定义的"典型梦"，就是重复出现，而且似乎具有一定普遍性的梦。这种梦的内容包括从高处坠落、飞翔、赤身裸体等。弗洛伊德认为，坠落和飞翔的梦是童年回忆的反映，因为小时候家长把我们背在背上，或者逗我们时把我们抛到空中，或者我们在游乐园荡秋千、玩跷跷板，这样的经历很纯真。而他认为赤身裸体的梦表达了一种正常人都有的、被压抑的暴露欲望，但是由于在梦里我们没办法"自由移动"来隐藏自己的裸体，所以这种梦往往伴有一种耻辱感。这些话听上去熟悉么？弗洛伊德继续在书中说道："我相信我大部分的读者都曾在梦中有过类似的经历。"

但是，也许赤身裸体梦境的根源是我们在婴儿时期都是赤裸的，或者反映出我们害怕衣衫不整的时候被别人看到。弗洛伊德还提过一种典型梦，就是考试失败，或者被要求重修一门课。弗洛伊德认为这种梦主要是早期的不当行为引发了焦虑，而后转变为现时的恐惧表现出来。就算了解了这些，我还是偶尔会梦到考试失败，或者更多时候我会梦到没有任何准备就去考试，但是我在过去的50年里没有参加过任何考试。另一方面，我早年的焦虑确实时时反映在我的梦里，我还会梦到在寄宿学校时的害怕，但当时的那种害怕在现实中早就消失，已经不再困扰我目前的生活了（其实当时也没有很害怕）。我也梦到过在陌生的城市迷路，我觉得这样事情现在倒是有可能发生——但我丝毫不担心。但是，不论这种经典梦境的起源是什么，它们的普遍性确实表明它们并不仅仅是偶然出现的、杂乱无章的片段组合。

现在，弗洛伊德"关于梦境是内心不齿的、压抑的想法的象征符号"这一观点已经不再受到广泛推崇。但是，也许他在某些方面是正确的，比如他提出的潜意识，在后来研究意识世界时似乎起到了很重要的作用。我们都有这样的经历，当我们有意识地努力去解开一个很难的填字游戏，或者努力回想某个人的名字时，突然灵光一现，答案跳进我们的脑子里。数学家亨利·庞加莱（Henri Poincaré）曾经描述过自己在一次地质考察中是如何获得一个重要数学发现的：

> 旅程中发生的事使我忘记了我的数学研究工作。到了库坦塞斯之后，我们上了一辆公交车，当我伸脚踩在公交车台阶上时，一个想法突然浮现在我的脑海里，没有任何前期铺垫，那就是我用来定义富克斯函数的变换方法和非欧几里得几何的变换方法一模一样。

梦是模拟的威胁

虎，虎，光焰灼灼

燃烧在黑夜之林，

怎样的神手和神眼

构造出你可畏的美健？[1]

——威廉·布莱克，节选自《经验之歌》

芬兰心理学家安蒂·瑞文苏（Antti Revonsuo）认为，梦是具有威胁性事件的模拟，提供机会让我们学习、演练怎样在真实生活中辨认和处理可能出现的危险。这种梦境始于更新世时期，作为一种适应性功能出现于一个充满危险的世界。布莱克的《老虎》是一种来自于史前生命的威胁，无论是在夜间森林里的老虎还是在非洲大草原上的老虎都具有威胁性。上文提到的"典型梦"的内容实际上都具有一定的威胁性，有时甚至很可怖。梦或多或少都会有些原始的属性——我们不太梦到读书、写字、使用电脑或者开车。瑞文苏认为，梦境系统回溯到与当今世界不再关联的时代，但是那样的时代却深深根植于我们的情绪记忆中。梦似乎同写给孩子们的故事有很多共同点，里面充满动物、森林和危险的事物。实际上，我不由得想问，我们是不是创造出了一

---

[1] 译文节选自上海三联书店 1999 年出版的《布莱克诗集》，张炽恒译。——译者注

个原始的世界给孩子，同时亲手为他们的后半生提供了所有噩梦的素材？

瑞文苏的理论促进了大规模的梦境研究，专家们从世界各地收集各种梦，其中 2/3 至 3/4 的梦包含威胁性事件，这个比例要远远高于我们白天生活中所遇到的威胁的比例，而梦中所经历的威胁也要严重得多。和生活平静的人相比，那些在真实生活中饱受威胁和创伤的人会在梦中经历更多的威胁。一项研究对比了不同国家的梦，结果显示芬兰儿童的梦威胁率最低，只有 40% 左右。据进行这项研究的专家反映，在所有被调查的儿童中，芬兰儿童的生活环境最为稳定、平静——他们可能都没听过恐怖故事。而反面的极端则是饱经战争创伤的库尔德儿童，他们经历的威胁梦的比例竟达到 80% 左右。

威胁性梦境的最常见内容（大概占所有梦中威胁内容的 40% 左右）同侵略相关，其他的内容还包括失败、意外、不幸。从我自己害怕考试的梦境来看，梦里的威胁内容更多地来自于我们的记忆，而不是最近发生的事件，可见与威胁是否发生于近期相比，威胁对于一个人情绪方面的影响大小更为重要。很多梦里的威胁都是加诸在做梦的当事人身上，但在 30% 的案例里，威胁是加诸在其他重要的人身上的，比如家庭成员、朋友或者生意伙伴。

威胁梦的起源要追溯到更新世这种说法似乎有点道理。在托马斯·霍布斯的著作《利维坦》（1651）里，史前的生命非常"肮脏、残暴、短暂"，从更新世的化石残留来看，当时的人类只能存活不到 40 年，比如尼安德特人或者早期的人类都是如此。对于我们采集狩猎的祖先而言，生命的威胁主要来自危险的捕猎者和危机四伏的觅食环境，所以在梦中模拟这些威胁提升了他们的适应性，也给了他们机会演练一些应对策略。虽然经过这些演练后，我们对于危险的地方或动物的感觉会扎根于我们的生理机能，但这并不是说关于老虎或其他野兽的记忆被深深地植入了我们的基因。在儿童故事和卡通片中，我们努力去还原一个更新世的世界，但是并非那时所有的威胁都会在我们的梦中出现。在更新世时期，我们的祖先所面对的另一个巨大威胁是疾病，可是在梦境里，我们无法为疾病找到治疗方法或解药。我们很少梦见生病，就算我们梦见了，在梦里也是束手无策。做梦已经被调整成为"先暴露危险，再由梦本身引导我们去找到应对方法"的过程。

和弗洛伊德的理论一样，威胁论也证明了 REM 阶段的梦境是人类独有的，或者说，是我们的更新世祖先们独有的，虽然老虎也可能愉悦地梦到威胁别人，而不是被威胁——不过我得补充一下，现在风水轮流转，老虎反而濒危了，成了被威胁的物种。但是，威胁论可以再概括一些。REM阶段的梦是由脑干中的某些过程驱动的，在影响带有记忆的更高区域之前从情绪的中枢涌现出来。我们的情绪又带有经历过更新世时期的危险环境后形成的某些特点，而情绪自身也具有更多的古老起源。所以说，沃尔特鼠们也可能会梦到猫。

查尔斯·达尔文在他1872年出版的《人类和动物的表情》（*The Expression of the Emotions in Man and Animals*）一书中表示，人类独有的情绪表情似乎只有一种："在所有表情中，脸红是只有人类才有的。"不过这倒是我做梦都没想到的。

沃尔特鼠的回归

威胁论很大程度上建立在REM阶段出现的梦的基础上，这一阶段的梦最生动形象、令人难忘，出现得也最频繁。而NREM阶段的梦，尤其是入睡初期的NREM睡眠则和前面所说的完全是两回事儿，在这个阶段，梦更多地体现近期发生的事情，而不是尘封的恐惧。在这方面，无论在老鼠还是人身上，NREM 阶段的梦和海马体的记录都最为接近。在第四章中，我曾描述过老鼠海马体的神经活动形成的"尖波涟漪"是如何与一条我们熟悉的路线轨迹相吻合的，比如迷宫的轨迹。这个轨迹不仅与老鼠已经走过的路线相吻合，而且还与新的路线，即在老鼠未来探索路径时将会走到的路线相吻合。这种"涟漪"在老鼠清醒时和睡觉时都会出现。正是在 NREM 睡眠阶段的初期，这种轨迹的重新激活达到最强。

埃林·瓦姆斯利（Erin Wamsley）和罗伯特·史蒂克戈德（Robert Stickgold）主要研究 NREM 睡眠阶段的人类梦境，其中大约一半都包含至少一件近期在做梦人清醒时发生的事件。可是，在只有 2% 的案例中，梦完整重复了真实发生的事件。下面这个例子说明了梦如何只反映真实经历的一些方面，却不会重复整件事。

　　来自清醒时的记忆：当我离开星巴克时（我结束值班），剩了很多点心和松饼，可以扔掉，也可以带回家。我一时不能决定把哪些拿回家，把哪些扔掉……

来自相对应的梦境记录：爸爸和我去购物，我们一间一间地逛商店，其中一个商店里堆满了松饼，全是松饼，从地板到天花板全是，各种各样都有。我不知道应该买哪种。

REM阶段的梦可以持续很久，而且可能是以实时发生的形式出现，就好像发生在真实世界的事情一样接连展开情节。而NREM阶段的梦则是每秒一帧，徐徐掠过，至少从老鼠海马体的涟漪状态上判断是这样的。NREM睡眠阶段对于学习的巩固十分重要，这一点得到了广泛认可。在一项研究中，研究人员训练被试对象们通过一个虚拟的迷宫，中间休息小睡时，如果被试对象在小睡中梦到迷宫的话，之后他们通过迷宫时的表现会比梦到其他东西时更好。清醒时对迷宫的思考对他们小睡之后的表现没有影响。所以，平时我们在紧张备考之余，也要注意睡眠！

同样，这项研究也显示梦境并不是真实事件的重演。两个被试者说自己在梦中听到了和迷宫任务相关的音乐，但是并没有梦到迷宫任务本身；另外三个被试者说梦到了其他的像迷宫一样的环境。回到巩固学习这一点，看来部分的巩固过程似乎超越了某个特定的学习内容（迷宫），这样一来，人（或老鼠）可以对他们已学到的知识理解得更广泛，也可能对于未来更具适应性。但是，我在第四章里曾说过，这些梦以及它们在真实生活中所对应的事件都是精神时间旅行的基础，它们着眼于未来，而不是过去。

而我们的大脑在夜间绝对没有休眠。感官刺激的缺失、行动的麻痹，以及浓浓黑夜的掩盖，这些都为大脑提供了机会，像为身体服务那样为思想服务，正如我们的车需要不时保养，不时检查车载设施是否完好，性能如何。思想服务，也可以称作心理服务，包括 REM 睡眠阶段的情绪调节，和 NREM 睡眠阶段记忆的巩固和拓展。从大脑的化学结构看，二者也是截然不同的。其中一个区别和乙酰胆碱有关，乙酰胆碱是一种神经递质——也就是说，它会影响大脑中的神经元相互连接交流的效率。在 NREM睡眠阶段，大脑中乙酰胆碱的水平处于最低限度；在"安静并清醒"的状态下，也就是当人（或者老鼠）马上要开始做白日梦的时候，乙酰胆碱的水平也会降低。乙酰胆碱水平的降低被认为会导致信息从海马体流向大脑的其他部分，而这些部分可以储存知识细节，这样一来就促进了记忆的巩固。相反，在 REM 睡眠阶段，乙酰胆碱的水平要高于人清醒时的水平，这就是为什么我们觉得很难记得住

REM 梦境的另一个原因。

大部分关于梦的理论似乎都聚焦于负面因素——威胁、创伤、失败的考试、回溯过去的不幸和尴尬。但是我们也要记得，我们的很多梦都是积极的、有趣的。苏斯博士（Dr. Seuss）的儿童故事本身就有点像梦境一样，他曾经说过："当你睡不着觉的时候，你知道自己坠入了爱河，因为现实总是要比梦境更美好。"今天早上，我4岁的孙女跟我说她梦到了小熊维尼和跳跳虎。她很享受这个梦—— 毕竟艾伦·亚历山大·米恩（A. A. Milne）笔下的《小熊维尼》里的跳跳虎并没有威廉·布莱克笔下的老虎那令人生畏的健壮体格，而熊和泰迪熊一样，小熊维尼可爱又讨喜。

梦可以被看作是浪费了的思想漫游，因为我们几乎记不起来我们做过的梦。梦并没有为我们的清醒时光提供任何的精神养料，反而激活了我们的潜意识世界，为我们日后更多的精神漫游创造了新的领地。我们偶尔也会记住自己的梦，以这些梦为基础我们会形成创造性的思想，我在最后一章会详细阐述这个过程。但最重要的是，我认为梦是神游，或者说精神溜号的另一种形式，虽然这种形式超出了我们的控制，但它们会存留在我们的记忆里，并且对我们的精神世界产生深远的影响。

第八章

幻觉：常规生活之外的意识边界

幻觉既不同于对过去事件的一般性记忆，也不同于你我日常生活中的意识神游，因为它只发生在此时此地。

幻觉（hallucination）一词出现于 16 世纪前叶，当时这个词仅仅是指"神志不清"，我们今天所说的幻觉在当时被叫作"幽灵"（apparitions）。比如在莎士比亚的《麦克白》中，三个女巫召唤了三个幽灵来警告麦克白：麦克杜夫将回到苏格兰并战胜他。第三个幽灵是一个手持树枝头戴王冠的小孩，他说：

> 麦克白是永远不败的，
> 除非大伯南的树林
> 跑到了高高的邓锡南山上去。

当时的人认为幽灵就像梦境一样，可以预示未来。在接下来的剧情中，伯南的树林确实移向了邓锡南，并加速了麦克白的灭亡。

我们今天所说的"幻觉"一词是由法国精神科医生让 - 艾蒂安·埃斯基罗尔（Jean-Étienne Esquirol）在 19 世纪 30 年代提出的。直到现在，"幻觉"也被视作一种妄想，这是因为幻觉产生于意识，并且作为一种"附加物"强加于当下的现实。用最简单的方法来定义的话，幻觉即对不存在的事物产生了视觉或声觉上的感知体验，偶尔也会出现其他类型的感官体验，比如嗅觉或者触觉。

　　在幻觉感知者看来，幻觉是一种真实的体验。但与对现实世界的体验不同的是，这种体验无法与他人共享。幻觉既不同于对过去事件的一般性记忆，也不同于你我日常生活中的意识神游，因为它只发生在此时此地。对于正常心智的人来说，时间旅行往往是模糊的、存在于意识之中的，然而幻觉却可以延展到外部空间，而且生动得有如真实发生的事件。幻觉有时确实也可以与现实世界的感知体验互相作用，使不真实的事件同现实世界相重叠。2012 年，奥利佛·萨克斯（Oliver Sacks）出版《幻觉》（*Hallucinations*）一书，书中曾举过一个有关幻觉的例子：当你看着前面的一个人时，你看到的不仅是一个人，而是五个一模一样的人排成一排。

　　幻觉可以十分逼真，甚至可以与日常生活融为一体。萨克斯谈到了自己在致幻药物影响下所经历的一次幻觉体验。他听到了自己的朋友吉姆和凯茜的敲门声，他起身开门，招呼他们进入客厅，他一边同他们聊天一边准备火腿和煎蛋。做好了之后，他将食物放在托盘里端回了客厅，却发现那里根本没有人。他们的交谈看上去十分正常，吉姆和凯西的声音也和平时一模一样，可是整个场景却只是幻觉。

尽管大多数幻觉都是视觉和听觉上的，但有时也会涉及其他感官。威廉·詹姆斯曾写到一个自己熟悉的朋友，那个朋友十分真切地感到了有人触摸他的手臂，于是他搜遍了整个房间来寻找那个入侵者。这是一种更难以捉摸的幻觉，詹姆斯称之为"存在感知"，即一种觉得还有其他人存在于房间中的感受。虽然这种幻觉并不伴有强烈的感官冲击，产生幻觉的人却可以感受到幽灵似的闯入者正面朝着某个方向，甚至身处某一位置。这一类型的幻觉时常被解释成上帝的现身。

幻觉也常常被看作是精神疾病的预兆：听觉幻觉者会被建议转诊精神科，而视觉幻觉者会由神经科医生来进行诊断。1973 年，8 名并没有任何精神方面问题的人曾经做过一个有趣的试验，他们来到美国不同的医院，假装自己可以"听到不存在的声音"。尽管在其他方面表现得一切正常，他们还是被确诊患有精神疾病，其中 7 人被诊断为精神分裂症，一人被诊断为狂躁抑郁性精神病，并获准进入精神科接受治疗。当然，最终在说明真实情况之后，他们无须再接受治疗。这个例子又一次诠释了"肯定后件"这一逻辑谬误。有精神疾病的人确实常常出现幻觉，然而听到不存在的声音并不意味着人们患有精神疾病。事实上，大多数出现幻听的人也的确不是精神病人。有些人不厌其烦地体验幻觉大概仅仅是为了能获得快乐，或者是相信幻觉会带来创造力。波西米亚作家勒内·卡尔·威廉·约翰·约瑟夫·玛利亚·里尔克（常被称作莱纳·玛利亚·里尔克，Rainer Maria Rilka）就曾苦等多年，只为能听到那个"声音"跟他说话，好让他记录下话语内容。或许那个声音迟迟没有出现，正是因为它难以呼唤莱纳那过于冗长的名字。

在 18 世纪埃斯基罗尔的观点被接受之前，幻听被视为十分正常的现象，人们认为那是来自上帝或魔鬼的声音。一直到不久之前，人们仍然认为偶尔出现的幻听是来自于上帝的指令，并有人由此开始皈依宗教。威廉·詹姆斯曾在其著作《宗教经验之种种》（*Varieties of*

Religious Experience）中引用了贵格会^①创始人乔治·福克斯（George Fox）的案例。一日，乔治·福克斯正与朋友漫步，突然听到了召唤：

忽然间我听到了上帝的指示，他告诉我必须走向那里。当时我马上就要到达我们要去的房子，我希望我的朋友们能先进去，却并没有告诉他们我自己是否也一同进去。当他们一进去，我就转身离开了，我走过了树篱，趟过了水沟，来到距离利奇菲尔德不到1英里的地方。在一片空旷的草地上，我看到了照顾羊群的牧羊人。接着，我又接到上帝的指令让我脱下鞋子。我静静地站在那里，当时虽是寒冬，上帝的话语却像火一样在我体内燃烧。

二分心智理论

朱利安·杰恩斯（Julian Jaynes）的畅销书《二

① Quakers，又名教友派、公谊会，兴起于17世纪中期的英国及其美洲殖民地，其特点是没有成文的信经、教义，而是直接依靠圣灵的启示，指导信徒的宗教活动与社会生活。——编者注

分心智的崩塌：人类意识的起源》（*The Origin of Consciousness in the Breakdown of the Bicameral Mind*）出版于 1976 年，时至今日，该著作仍在再版。在这本书中，作者提到早在公元前 1000 年甚至更早的时期，人们已经开始受控于幻觉，当时的人们把幻觉解读为来自诸神的命令。杰恩斯从古希腊史诗《伊利亚特》中找到了佐证。《伊利亚特》取材于公元前 12 世纪的特洛伊战争，它通过口诵得以流传，并最终被书写记录，相传是由荷马在公元前 850 年左右完成。《伊利亚特》中的众人似乎并没有自我意识，书中也没有出现过第一人称——正如杰恩斯所说的"众神取代了人们的意识"。随后他又提出了"二分心智理论"，即众神给出指令和人们听到指令的划分。他写道："这种古时候的二分制声音很有可能与现代人的听觉幻觉性质相似。很多完全正常的人也会不同程度地幻听。"

随着公元前 2000 年各种灾难事件的出现，二分心智理论也开始瓦解。人类也从被动地听从众神的指示逐渐转向了对自己的行为负责。杰恩斯认为，这种转变在《奥德赛》中体现得十分明显。《奥德赛》是《伊利亚特》的后续，也被认为是荷马所作，但无论是风格，还是对意识状态的描述，它与《伊利亚特》都存在着巨大的差异。在《奥德赛》中，众神丧失了主导地位，书中的角色有能力做出自己的决定。同时，他们也开始以第一人称来叙述。

杰恩斯还提出，这种转变同时伴随着大脑主导区域的转变。在二分心智理论盛行时期，右脑接收众神的指令，并将到指令传递给左脑，左脑专门处理语言信息，于是可以"听到"并执行众神的旨意。随着二分心智理论的衰落，主导区域转向了左侧，这一侧如今更多的是负责支配，而非执行。即便如此，时至今日幻觉仍然存在，只不过受右脑的残余功能的影响，频率有所降低。

虽然杰恩斯已于1997年去世，但他至今仍是一些人的崇拜对象。很难说他的理论究竟具有多大的历史意义，或是为神经学研究做出了多大的贡献。无论是从作品描述的事件来看，还是从作品自身完成的时间来说，《伊利亚特》和《奥德赛》两部作品的时间间隔都太短，根本不足以发生如此巨大的转变。从地理角度来说，即使是从当时的标准来看，杰恩斯所说的状况也仅局限于特定的区域，亚洲、南北美洲和澳洲人又是处于何种状况呢？对于大众来说，大脑两侧差异的观点很有吸引力，但这一观点更多的是来自于民间说法，而不是基于神经学事实。这种有关左右脑的说法也无异于人们常常提到的两侧大脑的各种两极对立观——感性和理性、爱情与战争、女性与男性，甚至还包括具有讽刺意味的政治上的左派和右派。然而，这种左右脑的故事还将持续下去。伊恩·麦吉尔克里斯特（Iain McGilchrist）在他 2009 年出版的《主人与使者》（*The Master and his Emissary*）一书中提出了右脑是主人，左脑仅仅是使者的观点。麦吉尔克里斯特认为支配权应该由左脑转交给右脑，或许是转交给二分心智理论。

　　然而，事实很有可能是：幻觉主要是产生于右脑。

电诱导

　　幻觉或是如同梦境般的体验可以通过手术获得——在开颅后对裸露的大脑进行弱电刺激。这可不是在推荐派对游戏，而是经证实行之有效的一种初步的脑部手术。著名的蒙特利尔神经病学研究所的创办者、神经外科医生怀尔德·潘菲尔德（Wilder Penfield）开辟了利用外科手术切除包含癫痫病发作源的脑区的先河。在手术前，他常常对裸露的脑部施加微弱的电刺激以判断哪些部分是可以手术切除的。在脑手术过程中，患者意识清醒并可以保持交谈，如果刺激到某个特定的区域使他不能讲话，那就说明这一区域对语言功能来说至关重要，当然也就不能切除。让潘菲尔德感到惊讶的是，据患者反映，这些刺激有时会使他们出现幻觉，或是经历梦境般的体验。

这些被潘菲尔德称为"经验性反应"，常常是通过刺激颞叶引起的，而不是其他脑叶。颞叶可以让人回忆过去，其内壁覆盖着海马体，所以与记忆力密切相关。这些经验性反应对潘菲尔德和在手术中接受刺激患者来说，常常像是早期记忆的回放，这致使潘菲尔德得出这样一个结论：我们大脑里的记忆储存量远远超出我们能够自动回忆起的事件量——说不定我们经历过的每一件事都在记忆银行里面藏着呢。这一解释也为精神疗法的治疗理念——有害的记忆应该被压制，然后慢慢诱哄出大脑——提供了依据。正如我在第二章里所说，这种想法可能很危险，有时可能会因为治疗师过分热情而使一些虚假记忆不知不觉地被植入脑中。

另一种解释是，比起过去记忆的回放，经验性反应更像是梦境或是幻觉。一位女性患者称她看见了自己降生的一幕，感觉就像是体验重生。一名 12 岁的男孩说看见持枪的劫匪向自己扑来，潘菲尔德认为这样的景象来自于他看过的漫画。一位 45 岁的女士看见了以前两位老师的脸，她们走过来挤着她，吓得她哭了出来。一名 14 岁的女孩看见 7 岁的自己走在草地上，并感到后面有一名男子正要用绳子勒她的脖子或是击打她的头部。最后一个例子里患者所看到的景象与她 7 岁时做的一个梦十分类似，在梦里她和兄弟们走在草地上，忽然一名男子从后面走到她身旁，问她愿不愿意钻进他装蛇的袋子跟他一起走。比起过去的真实事件的回放，这些幻觉似乎更像是对潜在威胁的模拟。

在很多案例里患者都听到了熟人的声音，或者熟悉的语调，但却不是与曾经发生过的事情一模一样的回放。当被问到幻觉中的情节是否在之前的生活中真实发生过的时候，有些患者回答说，他们觉得有可能发生过，但并不确定。尽管如此，有些幻觉却异常真实而具体，就像下面这位 26 岁的女士所经历的：

> 同样的闪回镜头她经历过好多次，这些都和她表哥的房子和她对那里的记忆有关——她已经 10~15 年没去过了，虽然儿时常常会去。她坐在一辆停在铁路交叉口前的汽车里面。这些细节都很真实。她可以看到路口跳动的红绿灯。火车正在经过——在

火车头的带领下从左向右行进着，她看到发动机处升起的煤烟，在火车上方随风向后飘散。在她的右侧有一家化工厂，她甚至记得闻到了从那里飘来的气味。

汽车的车窗似乎是开着的，她好像坐在后排右侧。她看见路边的化工厂，那是一栋被半截围栏环绕的大楼，有一大片停车场。这个工厂很大，布局也不规则，有很多的窗户。

即使这样，她说自己还是不知道这究竟是不是真实事件的回放，但她觉得好像是的。似乎更合理的解释是，这是以记忆中的元素为基础的"蒙太奇"。

所有这些患者都有癫痫病史，而这些经历，一部分是发生在病发期间，另外一部分则只有在大脑受到弱电刺激后才会出现。在520名患者中，接受左颞叶癫痫手术和右颞叶癫痫手术的人数基本相当，但是520人中只有40人在弱电刺激后出现幻觉。这40人中有25人的癫痫病灶位于大脑的非优势半球——大多数情况下是右脑。这对杰恩斯的"幻觉产生于右脑"的理论确实是一种支持，虽然总体看来视觉幻觉主要来自于右脑，而听觉幻觉产生于左脑和右脑的比例差不多。至少在说话的时候，杰恩斯的神似乎两边都会光顾。

这些幻觉经历无疑需要记忆的支持，而海马体的激活当然起到了重要的作用。但这并不意味着它们会如实地将记忆内容进行回放。更常见的情况是，它们看似是由记忆中的人事物的元素建立起来的，但却是以一种与之前发生的事件几乎没什么关联的方式构建的，而且常常以异乎寻常的方式呈现，看起来绝无在现实中发生的可能。它们更像是梦境，而不是我们正常生活中的精神时间之旅，甚至那些在某种程度上虚构出来的内容。或许我们永远都不可能准确地回忆出事情发生时的本来面目。

感觉剥夺

幻觉常常产生于正常的感觉输入停止或减少的时候，就好像在真实世界被关闭的时候大脑创造了一个虚拟的世界一样，比如你晚上做梦的时候，你的大脑就是这么做的。感觉剥夺的形式之一是失明，失去视力的人常常会产生视幻觉。这对所谓的邦纳症候群（Charles

Bonnet syndrome）患者来说是一种补偿。这种症状是以瑞士自然博物学家查尔斯·邦纳命名的，他对视觉衰退的祖父查尔斯·卢林所看到的"景象"非常感兴趣，因为这些幻觉非常绚丽华美。有一次他的两个孙女来探望他，卢林看见了两个年轻的小伙子，他们穿着红灰相间的斗篷，戴着有银饰装点的帽子。当卢林对他们的出现表示惊讶的时候，孙女们却说她们什么都没看到，而小伙子们也消失不见了。等我视觉衰退的时候，我也希望看到我的双胞胎孙女（现在她们 4 岁）带着同样英俊的小伙子们出现在我面前——不过他们最好是真实的。

人们曾经以为"邦纳症候群"是一种罕见病症，现在了解到有 15% 的视觉衰退的老人都会产生复合幻觉，会看到不同的人、动物或者场景。多达 80% 的老人会看到更分散的形状、颜色或图形，这或许是由视觉皮层的随意运动造成的。在被剥夺了正常的输入之后，得不到满足的视觉脑便开始了自己的恶作剧。

失聪也可以导致幻觉，通常是听到音乐的幻觉，偶尔也会是其他的声音，比如鸟叫、钟鸣或是割草机轰鸣。与视幻觉不同的是，音乐的幻觉常常真实发生在现实中。它们可能非常细化，每一个音符、每一件乐器都被清晰地听到，虽然有时候只有几个小节能引起幻觉，一遍遍地响起。奥利佛·萨克斯曾提及一位患者在 10 分钟内听到《齐来崇拜歌》（*O Come, All Ye Faithful*）的片段九次半（由患者的丈夫记录时间）。另一位患者——一位小提琴家，在音乐会上演奏曲子的时候竟然幻听到了另一首曲子。但是这些幻听内容并不像熟悉内容的重播或者反复遭遇的经历，不算是发生过的场景的回放。

使人产生幻觉的音乐就像是第一章里提过的魔音绕耳，反复出现，难以驱赶，但是通常会更鲜活，更忠于现实，具有令患者难以置信的详细层次和准确度，而正常状况下他们常常连一首简单的曲子都无法听到。这种看似真实的幻听音乐可以用一位女士写给萨克斯的信来说明：

> 我不断地听到平·克劳斯贝和我的朋友们在管弦乐队的伴奏下反复在唱《银色圣诞》。我原以为是另外一个房间的收音机播放的节目，直到后来排除了所有外来声源的可能。这种情况持续了好几天，我很快就发现我既没办法关掉这个声音，也没办法调小音量。

另一位部分丧失听力的 60 岁的女士，不断听到好像来自收音机的音乐声从自己脑后传出，有一首歌连续重复了三周才被另一首替代。她无法识别出大部分自己所听到的歌，但之后她的家人却发现她能哼出这些曲调。很明显，这些歌埋藏在她的记忆深处，不知怎么只能以幻觉的形式出现。除了丧失了部分听力之外，她并没有身患神经系统疾病或心理失调的迹象。

体验"感觉剥夺"并不需要失明或是失聪。被困于囚室或地牢的人可能会从被萨克斯称作是"囚犯的电影院"的一系列幻觉和梦境中寻求慰藉。单一视觉也可以达到这样的效果：水手、极地探险者、货车司机和飞行员都备受视幻觉的折磨，有时是非常危险的。诗人塞缪尔·泰勒·柯尔律治多少受到了药物引发的幻觉驱使，在他1798年的诗作《古舟子咏》中捕捉到了水手产生幻觉后的生活："是的，一些长着腿的黏滑的东西／在黏滑的海面上爬来爬去。"

在20世纪50年代的麦吉尔大学，研究者雇用了一些人待在隔音的小隔间里，为了减少外界刺激，他们被要求戴上手套和半透明的防护眼镜，然后在可承受范围内尽可能久待。起初他们会睡着，但是醒来之后便觉得愈发无聊，迫切地渴望来自外界的刺激。很快他们的大脑便开始产生幻觉，而这些幻觉会由简至繁，最终演变成复杂详尽的场景。有人看到一群松鼠排着队列穿过雪地，也有人看到各种史前动物在丛林中漫步。在之后的研究中，志愿者待在感觉剥夺箱中并漂浮在温水里，这样一来便有效地切断了一切感觉输入。这样艰苦苛刻的环境很快便引发了幻觉。到了80年代，这些感觉剥夺箱作为可引起强烈幻觉的致幻工具受到了热烈追捧。

在涉及的脑区方面，感觉剥夺后产生幻觉和正常的视觉记忆也存在差异。德国的一组研究人员说服了一名女性艺术家配合他们的视幻觉实验。她以蒙眼的状态在核磁共振扫描仪内分几个阶段度过了22天，这样可以标示出幻觉出现和消失的时间。这些扫描结果表明她的视觉系统的活化与幻觉的出现时间完全吻合。随后，她为其中一些幻觉绘制了图解，而当她被要求想象召唤幻觉的过程时，这些脑区却并未被激活。在视觉输入缺失的情况下，我们似乎无法激活真正带给我们视觉体验的脑区，但是幻觉却可以为我们做到这一点。

药物

获取幻觉的最快方式是服用致幻药物，正如奥利佛·萨克斯所说的——"超越需求"。人类与致幻药物的关系如此亲密，以至于我们已经和差不多100种含有精神活性物质的植物建立起了共生关系。似乎植物需要我们就好像我们需要它们一样，而与致幻性相比，我们对其产生的愉悦感的需求要更加强烈，虽然我们不应该把一切都归功于这些植物的存在。有些植物能够释放作用于精神的活性剂来阻止捕食者，或者诱使其他动物吃掉自己的果实借此将种子散播出去。我们人类更是借助这些植物，合成了新的致幻剂。

在19世纪90年代，西方人发现了佩奥特掌，一种具有致幻性的仙人掌又称麦司卡林（mescal），5000多年来被美洲印第安人用于宗教仪式或作为药物。美国著名医师塞拉斯·韦尔·米切尔（Silas Weir Mitchell）曾描述过它的效果。他曾服用过一剂，之后在漆黑一片的房间里安定下来，闭上眼睛，体验"魔法般的两小时"。其间，他看到了鲜艳的颜色和光线的排列，一块灰色的石头不断长高最后变成了一座精致的哥特式大教堂，成群的巨型宝石又或许是彩色的水果——"相比之下，我以往所看到的一切颜色都黯淡无光。"

威廉·詹姆斯在他1902年的著作《宗教经验之种种》一书中提到过一位皮克先生，说不定就是记忆天才金·皮克的长辈，他曾记录下自己因麦司卡林产生幻觉的经历：

> 当我早上走进田野去工作的时候，神的荣耀出现在他所有的有形创造中。我清楚地记得我们收割了燕麦，也记得每一株麦秆和它们头顶麦穗的样子，在彩虹般的荣耀中整齐排列，神采奕奕，沐浴着上帝的荣光，如果我可以这样说的话。

麦司卡林以及其他的致幻剂似乎都特别偏爱与视觉相关的脑区，尤其是感知颜色的区域。

奥利弗·萨克斯自己也是 20 世纪 60 年代药物文化潮中满腔热情的一员，那是甲壳虫乐队高唱《露西在缀满钻石的天空》(*Lucy in the Sky with Diamonds*) 的年代，而该首歌曲的创作也是为了颂扬麦角酸二乙基酰胺（一种致幻剂，略作 LSD）。他从大麻开始尝试，获得了"神经与神圣并存"的体验。然后，他又转向了安坦——一种与颠茄碱类似的合成药物，正是安坦使他产生了朋友吉姆和凯西来访的幻觉（前面的部分曾经提到过）。刚刚吃完为并未到访的客人准备的火腿和煎蛋，他便听到了直升机的声响，原来是父母突然到访。伴着直升机降落时震耳欲聋的巨响，他飞快地冲了澡换了衣服。剩下的部分你也知道了——根本没有什么直升机和父母，只有可怜的萨克斯自己。

他还开发出一种药物鸡尾酒，成分包括安非他命、LSD 和少许大麻。他特别期待可以看见靛蓝色，这是艾萨克·牛顿任性地一定要纳入色谱的颜色。在喝过自调的鸡尾酒后，他面向一堵白墙发出了指令"我要看靛蓝色——就现在"，终于如愿以偿地看到了"一滴巨大的、梨形的、最纯正的靛蓝色"。他觉得这就是天堂的颜色。这似乎是比较少见的个例，因为幻觉至少是部分受控于产生幻觉者的——他提出了要求，便得到了满足。然而接下来的药物试验将他的天堂变成了地狱。幻觉的内容变得令人不快甚至是恐怖，睡眠也备受影响，萨克斯患上了震颤性谵妄①。在朋友卡洛尔·伯纳特（Carol Burnett，美国女演员）的帮助下，最终他成功地摆脱了药瘾，并再度成为成功的作家及神经学家。

在扩展意识方面，幻觉的确效果显著，梦境也一样。梦本来就是通过感觉剥夺锻造出来的幻觉，虽然它们与夜间眼球运动之间的关系表明它们是自然事件。所

---

① delirium tremens，一种急性脑综合征，多发生于酒依赖患者突然断酒或突然减量。——译者注

有的文化都有对致幻剂的痴迷，仿佛人类生而具备这样的需求，想要去探索常规生活之外的意识的边界。或许幻觉正是宗教的催化剂，它让人们感到生存的意义之重大远不止日常的生活琐事，也向人们昭示了生命的短暂。正如莎士比亚的戏剧里麦克白所说的："我们所有的昨天，不过替傻子们照亮了死亡之路。"

药物所引发的幻觉似乎大部分都是视觉性的，但是伊夫林·沃（Evelyn Waugh）的半自传体小说《吉尔伯特·平福德的受难》（*The Ordeal of Gilbert Pinfold*）是个例外。伊夫林·沃嗜酒如命，而小说中他的另一个自我——吉尔伯特·平福德，亦试图在自己平时喝的酒里面加入强效安眠药水合氯醛和溴化钾镇静剂，想以此来祛除悲痛。后来他决定乘船到印度休养。他戒掉了安眠药，但是依然酗酒，然后就出现了幻觉。他所经历的仅仅是听觉幻觉——主要是指责的声音，也有音乐声、狗叫声、残忍的殴打声以及幽灵般的海上的声音。这些幻觉越来越荒谬，同时出现的还有他的一些妄想，比如迫害他的人拥有能够读取并播放他想法的机器。不过他倒是一直觉得这样的世界和周围的海浪声并没有什么异常。

至少在西方社会，酒精对大多数人来说是首选的致幻剂。威廉·詹姆斯曾这样评论："酒精对人类的影响无疑要归功于它对人性中神秘能量的激发作用，而这种影响常常会被无情的事实和清醒时冷漠的批判彻底粉碎。"很明显詹姆斯言下所指的是纵酒的影响，一杯红酒似乎不足为害，甚至还可能对你的健康颇有益处。但长期酗酒带给你的可不止神秘，还有震颤性谵妄，其症状包括不受控的颤抖和各种幻觉的出现，正如吉尔伯特·平福德的故事所描绘的一样，而且即使是在戒酒之后，戒断效应也会持续存在甚至是变本加厉。干杯！

幻觉和梦境可以引领我们进入意识难以到达的脑区域。正常状况下，我们的精神时间之旅无法复制现实中的真实体验，那是它们建立的基石。同样的，幻觉也无法使我们再次体验精确的记忆或是对未来所做的计划。那么，或许这二者之间需要我们去权衡。在清醒的工作时间里我们需要控制自己的想象力，这样就不会过于偏离现实世界的约束，毁灭于永生的梦想或是化身为神的妄想。在夜间或是感官世界关闭的时候，正是我们的大脑充电并对自身极限发出挑战的好时机——就好像马拉松选手或是登山运动员试图挑战他们的身体极限一样。梦是生命周期的自然组成部分，药物致幻则更像是脱轨，本是去往天堂的邀约，最终却指向了地狱。

值得注意的是，幻觉可以刺激感知系统，让我们在幻境中的所见所闻如同在现实世界一般。但是我们所习惯的感觉是通过外部世界对感官器官的刺激获取的——来自于我们的视觉、听觉、嗅觉和触觉。幻觉和梦境侵入我们感知系统的程度或许可以表明，感觉从根本上来说是由我们的内心驱使产生的，来自外部世界的信息不过是起到了一个引导作用，指引我们去看到、听到、闻到特定的内容。这么说或许有些夸大其词，但是幻觉告诉我们，感觉远非满足眼球那么简单。

第九章　思想游走的创造力

为了能继续在我们所创造的复杂世界里生存，我们需要允许思想漫游——让它去玩耍、去发明、去创造。

大脑永远都不会休息，思想也永远不会停息。在我们生命中至少有一半时间，我们的大脑远离生活琐事——作业、纳税申报单、董事会、要做的晚饭，甚至是开车。在我们清醒时，大脑随时会神游到九霄云外，但我们可以稍微控制它漫游的去处——是回顾过去，还是计划未来，抑或是猜测孩子到底在做什么、想什么。而在我们睡觉时，大脑以做梦的形式继续漫游，我们知道自己何时做梦，却无法预测梦的内容。虽然我们的思想意志会对我们在梦中的行为产生一定的影响（不过大多数情况下梦会按照自身目的运转，其剧情不会被我们改变），但是我们实际上是无法控制梦的内容的。幻觉也像梦一样，导致神经兴奋的药物和感官剥夺也许会稍稍影响幻觉里的一些表象内容，但却不能改变其本质内容。

　　如果说人的思想有什么独特之处的话，那就是构建复杂故事的能力，并通过语言将这些故事与他人分享。

这些故事可能来源于过去的经历、未来的计划，或者仅仅是编造出的——幻想中的人在幻想中的地方做幻想的事情。这就是那些伟大的、口口相传的、塑造了工业革命之前文化的神话故事的产生方式，这种方式同时也产生了《荷马史诗》、《圣经》、莎翁戏剧、简·奥斯汀或者巴尔扎克的小说、现代侦探故事，以及我们电视屏幕上经久不息的肥皂剧。大脑神游本身存在于故事讲述者的口中或笔下，而听众们，抑或是读者们在导游引导下完成一场场旅行——这种旅行是另一次大脑的神游，去的是远离此时此刻的另一个时空。

大脑神游也有些缺点。有说法称思想总走神是不开心的表现，也许会缩短我们的寿命。这一观点受到目前占主流的正念（或专注力）理论的支持，还得到其他的冥思方法的推崇，这些冥思方法的设计目的就是使人们集中思想，最好把思想牢牢地、一动不动地固定在要做的事情上。不过，走神和专注之间的区别也不是绝对的。提升专注力的技巧之一就是将注意力集中在身体上，从脚开始，逐渐将注意力上移，虽然这与在花园散步以及在沙滩徜徉不同，但实际上这也是一种漫游。也可以这样认为，当我们专注时，漫游的大脑可以得到休息，思想可以得到滋养，休息之后呢，当然还会继续漫游。

自然赋予我们思维，使我们不会成为依照固定程序行事的机器人。我们的大脑被赋予了额外的资源，可以时不时逃离当下，逃离面前的任务，出去玩耍一番。随时间推移，这种玩耍也在不断进化，因为其本身具有适应性，可以帮助我们应对未来复杂的世界。但是这种玩耍本身也会增添世界的复杂度，形成一种信息反馈机制，使我们对于更加具有创造力的玩耍的需求不断提升。也许正是这种循环机制让我们愈发地想要溜号，想要让思想无拘束地游走，想要创造更多的故事。为了能继续在我们所创造的复杂世界里生存，我们需要允许思想漫游——让它去玩耍、去发明、去创造。

创造力

> 我感激泥土，因为里面生长出了粮食
> 我更感激生活，因为它哺育了我
> 可我最感激的是真主，因为他赋予了我
> 大脑中独立的两面。
>
> 我可以抛弃我的衣服、鞋子，

也可以不要朋友、香烟或者面包

但我一秒也不愿意失去

我大脑的任何一面。

——拉迪亚德·吉卜林，节选自《双面人》

那么，创造力为何物呢？让我们先来消除一个错误认识，那就是创造力只来源于我们大脑的一侧——右侧。如果你在谷歌搜索"右脑"，你会得到6.6亿个结果，而被认为是主导一侧的左脑却只有2.7亿个结果。麦吉尔克里斯特希望大脑的掌控权可以存在于右脑，也就是他笔下的"主人"，从搜索结果的数量对比来看，也许他的愿望就快实现了。如果你搜索"右脑创造力"，你将会得到1450万个结果。右脑还被列入到字典里，第四版的《美国传统词典》（*American Heritage Dictionary of the English Language*）对于"右脑"的定义如下：

右脑的（形容词）：1. 让右脑占有支配地位。2. 形容创造和想象所涉及的思想过程，与右脑总体相关。3. 形容被情绪、创造力、本能、非语言交流和总体推理而不是逻辑和分析主导行为的人。

我们也不能忘记，朱利安·杰恩斯说过，上帝是通过我们的右脑和我们沟通的。

开篇那首吉卜林的诗发表于 1901 年，体现了在 19 世纪 60、70 年代时左脑被发现主导生产和语言理解之后，世人对大脑左右两个部分的好奇心。对左脑的深入了解也使得大家开始思考右脑的功能，一部分科学家开始意识到大脑两个部分的关系更多的是互为补充，而不是右脑从属于左脑。左脑被认为是人道和文明的资源库，而右脑则带有我们本质的原始性和野性。大家对左右脑像"两重人格"似的对立都非常感兴趣，比如在罗伯特·刘易斯·史蒂文森（Robert Louis Stevenson）的《化身博士》（*Strange Case of Dr Jekyll and Mr Hyde*）中，哲基尔博士象征着受过良好教育的、举止文明的左脑，而海德先生则象征着粗鲁的、激情的右脑。如书里所示，这两者需要平衡，因为不平衡只能导致疯狂，尤其是当右脑占上风的时候。而和疯狂，也就是和右脑联系在一起的，是创造力。

从 1920 年前后开始，早期研究左右脑的风潮渐渐被大家遗忘，可在 20 世纪 60、70 年代，在罗杰·斯佩里（Roger Sperry）和他加利福尼亚的合作伙伴对大脑的两部分的研究结果发表后，这种潮流又再次回归①。一些患有顽固性癫痫的患者接受了胼胝体切除手术，通过切除左右脑之间的胼胝体——连接左右两侧大脑半球的横行神经纤维束，来彻底治疗病症。尽管两侧半球的脑组织都蜷缩在脑壳中，可是在高级的脑功能方面——例如语言、记忆、理解，甚至于想象——两侧半球都是彼此独立、没有联系的。这种手术的主要目的是为了阻止痫样放电从一侧脑部扩散到另一侧。手术的成果大大超出预期，在很多案例中接受过手术的病人都基本摆脱了癫痫，或者有效控制了癫痫。然而，被分裂后的大脑引发了很多哲学和心理学的问题。大脑的分裂是否会导致思想的分裂呢？大脑的两个半球在它们的官能方面又有哪些不同呢？

罗杰·斯佩里和迈克尔·加扎尼加（Michael Gazzaniga）找到了这些问题的答案。他们设计了研究大脑两个半球独立能力的方法。斯佩里后来获得了 1981 年的诺贝尔生理学或医学奖——恰好同吉卜林在 1907 年获得诺贝尔文学奖遥相呼应。斯佩里和加扎尼加详细记录了左脑在语言领域的独特功能，虽然这一方面在 19 世纪 60 年代的

---

① 我们可以信心满满地预测在 21 世纪的 60、70 年代，这种潮流还会再次兴起。

研究中已经取得了广为人知的成果。他们二人的研究成果同时也显示了右脑在空间和情绪方面的主导地位。这样的结果再次印证了左右脑互为补充，左脑主导逻辑和理智，右脑主导本能、情绪和创造力的理论。

我在上一章曾写道，大脑的二元性在一定程度上被夸大了，过度地被引用来解释我们生活中的两极分化。这些两极分化在某种程度上是由 20 世纪 60 年代的社会、政治分歧所引发的。左脑象征着占统治地位的西方世界的军事、工业成就，而右脑则代表东方爱好和平的国家。20 世纪 60、70 年代的女权解放运动同样也对右脑宣告主权，作为对男性压制女性的一种反抗——这种二元性还要追溯到 19 世纪末期，当时左脑被看作是男性气质的代表，而右脑则是女性气质的代表。随着 1972 年罗伯特·奥恩斯坦（Robert Ornstein）推出了他的畅销书《意识心理学》（*The Psychology of Consciousness*），大脑的二元论迅速成了大众的话题。

同二元论一起出现的还有一个想法，即右脑是创造力的引擎——这种想法本身可以解释朱利安·杰恩斯的"上帝通过右脑和我们沟通"这一观点，也可以解释伊恩·麦吉尔克里斯特的"右脑是主人、左脑是使者"这种观点。1979 年，一位叫作贝蒂·爱德华（Betty Edwards）

的艺术教师写出了《用右脑绘画》（*Drawing on the Right Side of the Brain*）一书，声称可以教授人们通过开发右脑的空间和创造能力来绘画①。这本书比奥恩斯坦的书还要畅销，一直高居图书销量榜的前几名。卡尔·萨根（*Carl Sagan*）是知名的宇宙学家、科普作家，他在 1977 年出版的《伊甸园的飞龙》（*The Dragons of Eden*）一书中对右脑的描述如下："有创造力，但是有点妄想偏执；大力鼓吹科学想法，但常常看到不存在的规律和阴谋。而理智严谨的左脑则负责详细审查这些科学想法。"

右脑的概念还悄悄进入了商界。1976 年，麦吉尔大学的一位管理学教授曾经在《哈佛商业评论》（*Harvard Business Review*）上面发表过以下一段话：

> 管理一个机构的重要决策过程，很大程度上依赖于大脑右半球识别出的员工的能力。高效能的管理者在含糊不明、错综复杂、神秘无序的系统中反而会如鱼得水。

这样的评价肯定会引起巨大反响，所以如果现在我

---

① 我并不是要贬低爱德华的教学技巧，这些技巧都很有用，但是她把右脑这个概念引入进来有点多余。

们再去谷歌搜索"右脑商务"，你会得到 3.5 亿个结果。

越来越多的评论分析表明这一切未必是正确的。最近的一项研究中，艺术设计专业的学生被要求创作图书的封面图案，而他们的脑活动则处于核磁共振扫描仪的监控下。虽然被试的学生具有艺术背景且被要求从事艺术设计任务，但并无测试证据显示他们用大脑的右半球绘图。相反，他们大脑中被激活的区域还包括负责执行能力的大脑额叶区、以及与思想漫游相关的默认模式网络。在完成任务时，学生们并没有更多地使用任何一半大脑。

在广泛地研究了与创造性认知相关的脑成像数据之后，雷克斯·荣格（Rex Jung）和他的同事们得出结论：作为"第一近似值"，创造力依赖思想漫游的最关键机制——默认模式网络。创造力的源泉很大程度上可能存在于无处不在的大脑网络中，我们的思想漫游得越远，我们越有可能找到新的东西。

爱德华·德·波诺（Edward de Bono）被称为"创造力之父"，他鼓励他的读者们"跳出固有的思维模式"。他并不赞同右脑的相关理论，可是他以下的话有点欲抑先扬的意味："我们相信大脑的右半球代表创造力，但事实不是这样，它代表的是天真纯洁，在创造力产生中起到了一些作用——特别是在艺术表达方面。"

右脑负责艺术创造、左脑负责语言创造，这种说法或许有那么一点儿正确性，但是我们应该放弃对于大脑二元论的过度解读，选择接受它。

如果创造力依赖于广泛的网络而存在，我们应该在更具创造力的人的大脑中发现比其他人更多的远距离连接。这些连接形成了"脑白质"，而一项研究显示，发散式思维与左右脑的脑白质数量无关。但是，令人惊奇的是，更具创造力的人都有较小的胼胝体。这项研究的负责人表示，较小的胼胝体使得大脑的两个半球可以更加独立于彼此。也许，更多的创造力靠的并不是跳出固有思维模式盒子，而是可以使用两个盒子来思考。看来还是诗人吉卜林说得对。

随机性

著名心理学家、知识学家唐纳德·T.坎贝尔（Donald T. Campbell）曾把创造力的本质形容为"盲目的选择和选择性保留"。盲目的选择正是从神游的概念中捕捉到的，无论是在现实中还是在思想中游走，我们都是从一条已知的路径走向未知的领地。在未知的领地我们能发现什么，完全要靠运气。我们思想漫游的随机性为创造力提供了火花，但是当我们撞上了新的、重要的东西，我们需要具备辨认出它们的能力——就是坎贝尔所说的"选择性保留"。

实际上，随机性不仅充斥着我们变化无常的思想，更是弥漫了整个宇宙。根据物理学里的不确定性原则，我们无法精确地知道次原子粒子的位置。或者更确切地说，当我们试图测量粒子在亚原子空间中的确切位置时，便无法百分之百精准测量粒子的速度；而当我们企图测量粒子的速度时，则无法精准确认粒子的位置。位置和速度，这二者我们获得其一便不能获得其二。因此只能根据概率分布来定位它们，似乎它们的漫游范围被局限了，只能自己争取自己的空间。阿尔伯特·爱因斯坦曾对马克斯·玻恩（Max Born）说过一句很出名的话："上帝不会掷骰子。"可是也许掷骰子这件事上帝真的会做，如果根据概率分布存在上帝的话。

我们也不知道下一步天气将会怎样变化，每一滴雨水都会掉落到哪里，或者下一次地震会在何时何地发生——因为尽管地震学家们勤奋研究，可新西兰克赖斯特彻奇在 2010 和 2011 年的两次大地震还是发生得毫无预警。在这个幸运的星球上产生了生命这件事本身同样也是一个偶然事件——配料齐全的生命原始汤加上一道闪电，一切就从无到有了。从开始到现在，随机性一直在我们今天所生活的、生生不息的星球的建设中起到至关重要的作用。基因的随机改变为自身增加了生存值，而进化利用了这种随机改变，我们自己也是大量随机事件经过漫长的选择、组装的产物。学习也依赖随机的活动——哪怕是行为主义者也认同，行为必须要先"发出"之后才能被反复强化，最终被印刻到动物的大脑里成为固定行为模式。鸽子会反复叼起钥匙以期获得食物的奖励，但鸽子第一次叼起钥匙肯定是偶然的，然后它才会发现这样做的好处。

只要是会动的生物都倾向于在广阔的空间里漫游。有时候它们的目标很明确，选一条天天都走的路去酒吧小坐，或者一条交通拥堵的道路去上班；但有时它们只是漫无目的地走，探索新的领地，又或者好奇转过下一个弯之后会看到什么。这种漫游可以改变进化。当鸟类找到更好的栖息地时，它们就开始迁徙，它们在新环境的繁衍率要高出原来的地方。例如，生长于热带的鸟类可能会发现向北迁徙会获得更多的日照时间，这样利于繁衍更多的后代，然后它们会在冬天来临、白天变短之前从北方返回原来的栖息地。这种迁徙模式会渐渐被纳入到基因结构中。我们人类在迁徙方面更是硕果累累，7万多年前我们的祖先从非洲出发，最后将足迹踏遍了全球。虽然也有冬天时加拿大人迁往佛罗里达，新西兰人迁往澳大利亚的黄金海岸这些由于天气、环境等原因的移动，但除此之外大部分的人类迁徙都是为了探索、发现，这种探索和发现最终把我们引向了新的大陆、新的气候、新的生存方式和更加绿油油的草地。

正是通过漫游，无论是身体的还是思想的，我们将随机性引入到我们的生活里，从而发现了新的事物，所以当威廉·华兹华斯在英格兰东北部的湖区漫步时，才能收获许多诗歌的灵感。

> 我独自漫游像一朵浮云，
>
> 高高地漂浮在山与谷之上，
>
> 突然我看见一簇簇一群群，
>
> 金色的水仙在开放；
>
> 靠湖边，在树下，
>
> 随风起舞乐开花。[①]

华兹华斯不仅仅是在散步，同时他的思想也在遨

---

① 来自华兹华斯《我独自漫游像一朵浮云》，译文节选自清华大学出版社在2004年出版的《英美诗歌教程》，李正栓译。——译者注

游，然后将自己的见闻用诗意的神来之笔渲染，这个过程本身充满偶然性。

本书的前几章所探讨的漫游只限于在我们的大脑里，比如精神时间旅行、站在别人的立场上思考、做梦、幻觉。所有这些都具有随机性的元素，随机元素将我们带入思想的领地，在那里所有的意想不到和微弱的可能都会被证明。我们大部分的思想漫游（比如空间遨游）将我们引至的领地都无关乎我们的未来，或者我们人类的未来。但是，我们偶尔也会在那里发现宝藏。

梦是一种不受控制的思想漫游，如果我们能够记住我们的梦境，它们就能够带来具有创造性的想法。奥托·勒维（Otto Loewi）凭借在神经脉冲的化学传递方面的杰出成绩，于 1963 年获得诺贝尔生理学或医学奖，据说他就是在梦中找到了证明自己理论的方法。罗伯特·刘易斯·史蒂文森的《化身博士》的情节也是来源于梦境的启发。奥古斯特·凯库勒（August Kekulé）在白天小睡时梦到一条蛇咬住了自己的尾巴，突然就想到苯分子的环状结构——不过至今有些人还怀疑这个故事的真实性。而著名高尔夫球员杰克·尼克劳斯（Jack Nicklaus）也是因为一个梦而改进了自己的挥杆动作。

但你不能过于依赖梦。威廉·詹姆斯讲过亚摩斯·平肖夫人（Mrs Amos Pinchot）的故事，她曾做过一个梦，在梦里她发现了人生的秘密。在半睡半醒之间，她将自己的梦写了下来。当她完全从睡梦中醒来时看见自己写下的内容：

> 吼卡姆思，伊卡姆思
> 男人很花心
> 伊卡姆思，吼卡姆思
> 女人很专一。

也许梦并不像我们以为的那样充满启示，而且大多数时候，我们都会忘记梦里的内容。

影响大脑的神经类药物的作用可能是一种更强烈的灵感来源，因为这些药物在我们清醒时发挥作用，过后给我们留下的印象也更持久一些。和梦一样，其作用不受我们控制，为我们带来更强的随机性，但在增强创造力方面药物的作用不大。但是，许多艺术家和作家都使用这些药物，有时他们的目的很明确，就是为了寻求艺术创作的灵感和启发。鸦片在 18 世纪时被进口到英国，19 世纪的英国浪漫主义作家们靠吸食鸦片找到了他们的灵感。华兹华斯也曾经尝试过，鸦片也许给他诗中水仙的金色光泽也增添了风采。比较而言，华兹华斯的朋友柯尔律治更加依赖鸦片以寻求诗歌的灵感，他一开始用鸦片来缓解风湿病痛，但后来愈发觉得鸦片使他的身体和思想更加和谐，不过很显然华兹华斯不赞同这一点——随着柯尔律治的毒瘾加深，这对昔日的好友也渐行渐远。柯尔律治的两首著名诗歌——《古舟子咏》和《忽必烈汗》（*Kubla Khan*）据说都是在鸦片所带来的幻象的影响下创作完成的。

托马斯·德·昆西也是由于同样不得已的原因开始吸食鸦片——为了减轻牙痛，可是他也很快屈服于药物带来的超脱感。1821 年，他写下了《一个英国瘾君子的自白》，他在该书中写道："一便士就可以买到快乐。"书中描绘了在当时社会状态下，鸦片酊（一种鸦片和酒的混合物）很便宜，在街上的小贩手里就能买到。后来，通货膨胀不断加剧，鸦片工业也被列为非法工业，鸦片的价格越来越高。德·昆西所描述的鸦片作用下的梦境和被改变的意识，极大地影响了后来的作家——埃德加·爱伦·坡、夏尔·波德莱尔、尼古莱·果戈理，不过德·昆西也曾讲述过毒瘾所带给他的无尽的痛苦和折磨。

19 世纪时，也有许多作家吸食鸦片以寻求灵感，包括伊丽莎白·芭蕾特·布朗宁、威尔基·柯林斯、查尔斯·狄更斯、阿瑟·柯南·道尔、约翰·济慈、埃德加·爱伦·坡、沃尔特·斯科特爵士、珀西·比希·雪莱、罗伯特·路易斯·史蒂文森，看了以上的名单我们不禁想到，如果没有鸦片，19世纪的文坛是否还会存在。不仅是作家，就连美国博学家、发明家、科学家本杰明·富兰克林也尝试过印度大麻和鸦片。20世纪使用鸦片的名人包括比莉·荷莉戴、让·科克托、约瑟夫·麦卡锡。巴勃罗·毕加索也说过："鸦片的气味是世界上最不愚蠢的气味。"

印度大麻及其多种衍生产品似乎带给我们更多的馈赠，兼具娱乐功能和启示作用。印度大麻由拿破仑的军队在埃及取得胜利后发现并引入欧洲。乔治·华盛顿和托马斯·杰斐逊都曾种过大麻。而后大麻成为美国政治家们的消遣方式，包括托马斯·杰斐逊、阿尔·戈尔、比尔·克林顿、纽特·金里奇和美国最高法院大法官克拉伦斯·托马斯在内的很多政客都曾使用大麻。萨尔瓦多·达利曾说过："大家都应该试试大麻，不过只能试一次。"他还说过："我不使用毒品，我本身就是毒品。"

还有一种后来居上的麻醉品——麦角酸二乙基酰胺

（简称 LSD），这种毒品在 1938 年首次被人工合成，能令人产生强烈的幻觉和精神错乱。在哈佛大学的蒂莫西·利里的支持下，LSD 成为致幻剂横行的 60 年代的首选麻醉药品。在他自己的自传《闪回》中，他声称 75% 尝试过 LSD 的教授、学生、研究生、作家、专业人士都认为服用 LSD 后获得了对生命更多的理解和感知。英国小说家、散文家阿道斯·赫胥黎（Aldous Huxley）在亲身体验过麦司卡林和 LSD 之后，也曾经撰文赞美过吸毒所带来的创作启发，临终前还留下了想要 100 毫克 LSD 的著名遗言。赫胥黎在他 1954 年的书《众妙之门》（*The Doors of Perception*）之中记录了自己的吸毒史，而这本书的书名来自于威廉·布莱克的《天堂与地狱的婚姻》一书（写于 1790 年至 1793 年间）。布莱克的写作和艺术创作从特点上看很接近服用毒品后所获得的感知和启示，但是没有证据显示他服用了毒品，如果用 20 世纪 60 年代的话说，就是他没有吸毒。LSD 也为音乐人士带来了灵感，披头士乐队、吉米·亨德里克斯、吉姆·莫里森、发明之母乐队、滚石乐队，还有演艺界的彼得·方达、加里·格兰特、杰克·尼科尔森都曾使用 LSD。史蒂夫·乔布斯是苹果公司的联合创始人之一，曾使用大麻和 LSD。实际上，LSD 也许帮助建立了整个计算机互联网产业，因为硅谷在加州的崛起和 LSD 爆发为文化标志几乎是同一时间发生的。

我们不能漏掉酒精——酒精可能是被最广泛禁止的影响神经的药物了，但在很多方面，酒精都是最危险的。酒精是温斯顿·丘吉尔和富兰克林·罗斯福的首选致幻剂，同时也是很多作家的创作灵感来源——包括杜鲁门·卡波特、约翰·契弗、欧内斯特·海明威、威廉·福克纳、詹姆斯·乔伊斯、杰克·凯鲁亚克、多萝西·帕克、狄兰·托马斯。在她的小说《瓶中美人》中，西尔维娅·普拉斯写道："我开始觉得伏特加是我最喜欢的酒。它没什么独特味道，但是它就像吞剑表演者口中的那把利剑，直冲我的胃肠，使我觉得充满力量，像上帝一般。"奥格登·纳什的表达更简洁："糖果，不错；但酒精，简直妙极。"

我相信人们会继续使用致幻剂，不只是为了寻求灵感，更多地是为了获得超出平常人类的体验。药物的确能为我们的思想增添随机性，从而给我们带来创造力——可能在艺术和写作方面要比在科学方面多一些。但是，药物也有严重的副作用，其中一点就是被药物催生的随机性有可能缺乏意义——有时只是混乱无章的幻觉，没有任何深远意义或者审美价值。另外一点是，在清醒之后发现依靠药物获得的启发本身就是一种幻觉。而最严重的一点则是药物的作用越强，也越容易上瘾，为了戒毒所受的痛苦十分巨大，远远超出了药物引发灵感所带来的愉悦感。另外，我还需要提醒一下，大部分的神经致幻类药品都是非法的。

　　我们都有过以下经历——参加无聊的讲座、晚饭吃得很饱之后去听交响乐、在飞机上昏昏欲睡，这些经历使我们知道，不需要药物我们的思想也可以自由地漫游徜徉。哪怕是毫无目标的瞎想也会间接地刺激我们的创造力，当然，这都要经过"孵化"过程，即当我们在想其他事情时，一些想法在我们的思想里生根发芽。这一过程已经被实验演示证明了：在实验中，研究人员让被测试者想出一些熟悉物品的新用途（这种任务经常被用来测量创造力），实验进行了几小时后，大部分被测试者都被允许休息一会儿。在休息过程中，一些人被叫去参加一个需要他们全神贯注，要求很高的记忆测试；另一些人则参加了一个要求不高的记忆测试；而剩下的人只是静静地坐着休息，什么都不用干。当实验恢复进行后，那些参加要求不高的记忆测试的人表现得最为出色，很可能因为他们在要求不高的活动中思想游离、漫游了一番。其他研究显示，要求不高的活动容易引发思想漫游，甚至比什么都不做更容易。如果你正在寻找灵感，也许可以试试休息一下，做一些要求不高的事情，比如洗碗或者看一些轻松的电视节目。又或者你可以试试织毛衣，这就解释了阿加莎·克里斯蒂笔下的神探马普尔小姐为什么总能够解决谋杀案的疑团，因为她时时刻刻都在织毛衣。也许阿加莎·克里斯蒂本人就有点编织强迫症，所以才能写出一本本精彩的侦探小说。

一位匿名的物理学家曾经告诉德国心理学家沃尔夫冈·柯勒："我们经常说的3B——公交车（Bus）、浴缸（Bath）、床（Bed）——正是很多伟大科学发现的发源地。"[①]这个人可能就是想暗示庞加莱的数学灵感是在一只脚踏上公交车时产生的，也可能是指当阿基米德踏进浴缸，水面上升时，他的那句著名的"有了"。而说到床，梦的确能够带来一些创意，那些辗转难眠的时刻往往更是灵感迸发的良机，那时我们的思想在飞速地漫游，而我们又足够地清醒，可以抓住一些闪光的想法。也许我们还可以加上第四个B——会议室（Boardroom），会议室为我们提供了具有创造力的思想漫游和"孵化"的绝佳环境。或者这四个B可以被统

---

① 也有说法称这句话是路德维希·维特根斯坦（Ludwig Wittgenstein）说的。

称为另个一 B——无聊（Boredom）。曾获诺贝尔奖的诗人约瑟夫·布罗茨基（Joseph Brodsky）写道："无聊对我们而言是时间序列上的一扇窗户，为了维持心理平衡，我们时常忽视它。它是我们通向时间永恒的窗户，一旦它开着，就不要试图去关闭它，相反，让它大大地开着。"

无论你选择怎样漫游，不要气馁，不要以为这只是浪费时间。当然，老师的批评也不总是错的——我们偶尔还是需要集中精神去学习和工作。但是做梦是我们的本性，我们通过做梦才能摆脱束缚我们的种种限制。还记得第一章乔纳森·斯库勒和他的同事们所做的实验么？他们测试人们在阅读《战争与和平》的过程中的走神频率，而那些走神次数最多的人也是在创造力测试中得分最高的人。如果在讨论重要事务时，你的老师或者老板发现你正望向窗外出神，你可以解释说，你只是正在打开通往创造力的大门。

最后，如果你在读这本书的时候思想偶尔走神，我希望那些神游将你带去的地方能对你有所启发、让你充满创造力——最重要的是，真正让你开心快乐。

参考文献

第一章　蜻蜓的大脑，游走的思想

Epel, E. S., Puterman, E., Lin, J., Blackburn, E., Lazaro, A. and Mendez, W. B. (2013). 'Wandering minds and aging cells'. *Clinical Psychological Science*, 1, 75-83.

Ingvar, D. H. (1979). '"Hyperfrontal" distribution of the cerebral grey matter flow in resting wakefulness:On the fuctional anatomy of the conscious state'. *Acta Neurologica Scandinavica*, 60, 12-25

——. (1985). '"Memory of the future": An essay on the temporal organization of conscious awareness'. *Human Neurobiology*, 4, 127-136.

Killingsworth, M. A. and Gilbert, D. T. (2010). 'A wandering mind is an unhappy mind'. *Science,* 330, 932-932.

Ottaviani, C. and Couyoumdjian, A. (2013). 'Pros and cons of a wandering mind: A prospective study'. *Frontiers in Psychology*, 4, Article 524.

Raichle, M. E., MacLeod, A. M., Snyder, A. Z., Powers, W. J.,Gusnard, D. A. and Shulman, G. L. (2001). 'A default mode of brain function'. *Proceedings of the National Academy of Sciences USA,* 98, 676-682.

Schooler, J. W., Reichle, E. D. and Halpern, D. V. (2005). 'Zoningout during reading: Evidence for dissociations between experience and meta-consciousness'. In D. T. Levin (ed.), *Thinking and Seeing: Visual Metacognition in Adults and Children* (pp. 204-226). Cambridge, MA: MIT Press.

Subramaniam, K. and Vinogradov, S. (2013). 'Improving the neural mechanisms of cognition through the pursuit of happiness'. *Frontiers in Human Neuroscience*, 7, Article 452.

第二章　记忆：游走于过去的思维

Corkin, S. (2002). 'What's new with the amnesic patient H.M.?'. *Nature Reviews Neuroscience*, 3, 453-460.

——. (2013). *Permanent Present Tense: The Man With No Memory, and What He Taught the World.* London: Allen Lane.

Kundera, M. (2002). *Ignorance.* New York□HarperCollins (translated from the French by L. Asher).

Loftus, E. and Ketcham, K. (1994). *The Myth of Repressed Memory: False Memories and Allegations of Sexual Abuse.* New York: St. Martin's Press.

Luria, A. R. (1968). *The Mind of a Mnemonist: A Little Book about a Vast Memory.* London: Basic Books.

Martin, V. C., Schacter, D.L., Corballis, M. C. And Addis, D. R. (2011). 'A role for the hippocampus in encoding simulations of future events'. *Proceedings of the National Academy of Sciences USA*, 108, 13858-13863.

Nabokov, V. (2000). *Speak, Memory.* London: Penguin Books.

Ogden, J. A. (2012). *Trouble in Mind:Stories from a Neuropsychologist's Casebook.* Oxford: Oxford University Press.

Raz, A., Packard, M. G., Alexander, G. M., Buhle, J. T., Zhu, H., Yu, S. and Peterson, B. S. (2009). 'A slice of ω: An exploratory neuroimaging study of digit encoding and retrieval in a superior memorist'. *Neurocase*, 15, 361-372.

Sacks, O. (1985). *The Man Who Mistook His Wife for a Hat and other Clinical Tales*. New York: Simon & Schuster.

Spence, J. (1984). *The Memory Palace of Matteo Ricci*. London: Faber & Faber.

Tammet, D. (2009). *Embracing the Wide Sky*. New York: Free Press.

Treffert, D. A. and Christensen, D. D. (2006). 'Inside the mind of a savant'. *Scientific American Mind*, 17, 55-55.

von Hippel, W. And Trivers, R. (2011). 'The evolution and psychology of self-deception'. *Behavioral and Brain Sciences*, 34, 1-56.

第三章　关于时间：一个超乎想象的世界

Clayton, N. S., Bussey, T. J. And Dickinson, A. (2003). 'Can animals recall the past and plan for the future?'. *Trends in Cognitive Sciences*, 4, 685-691.

Darwin, C. (1896). *The Descent of Man, and Selection in Relation to Sex* (2nd edition). New York: Appleton.

Markus, H. and Nurius, P. (1986). 'Possible selves'. *American Psychologist*, 41, 954-969.

Osvath, M. and Karvonen, E. (2012). 'Spontaneous innovation for future deception in a male chimpanzee'. *PLOS ONE*, 7, e36782.

Suddendorf, T. and Corballis, M. C. (2007). 'The evolution of foresight: What is mental time travel, and is it unique to humans?'. *Behavioral and Brain Sciences*, 30, 299-351.

Suddendorf, T. and Redshaw, J. (2013). 'The development of mental scenario building and episodic foresight'. *Annals of the New*

York Academy of Sciences, 1296, 135-153.

Tulving, E. (1985). 'Memory and consciousness'. *Canadian Psychologist*, 26, 1-12.

Wearing, D. (2005). *Forever Today: A Memoir of Love and Amnesia*. New York: Doubleday.

第四章　脑中海马：精神漫游网络中枢

Addis, D. R., Wong, A. T. and Schacter D. L. (2007). 'Remembering the past and imagining the future: Common and distinct neural substrates during event construction and elaboration'. *Neuropsychologia*, 45, 1363-1377.

Corballis, M. C. (2013). 'Mental time travel: The case for evolutionary continuity'. *Trends in Cognitive Sciences*, 17, 5-6.

Dalla Barba, G. and La Corte, V. (2013). 'The hippocampus, a time machine that makes errors'. *Trends in Cognitive Science*,17,102-104.

Ekstrom, A. D., Kahana, M. J., Caplan, J. B., Fields, T. A., Isham, E. A., Newman, E. L. and Fried, I. (2003) .'The hippocampus, a time machine that makes errors'. *Trends in Cognitive Science*,17,102-104.

Gross, C. G. (1993). 'Huxley versus Owen: The hippocampus minor and evolution'. *Trends in Neurosciences*, 16, 493-498.

Macphail, E. M. (2002). 'The role of the avian hippocampus in spatial memory'. *Psicologica*, 23, 93-108.

Maguire, E. A., Woollett, K. And Spiers, H. J. (2006). 'London taxi drivers and bus drivers: A structural MRI and neuropsychological analysis'. *Hippocampus*, 16, 1091-1101.

Milivojevic, B. and Doeller, C. F. (2013). 'Mnemonic networks in the hippocampal formation: Form spatial maps to temporal and conceptual codes'. *Journal of Experimental Psychology: General*. Advance online publication. doi: 10.1037/a003746.

O'Keefe, J. And Nadel, L. (1978). *The hippocampus as a Cognitive Map*. Oxford: Clarendon Press.

Pastalkova, E., Itskov, V., Amarasingham, A. and Buzsáki, G. (2008). 'Internally generated cell assembly sequences in the rat hippocampus'. *Sciences*, 321, 1322-1327.

Smith, D. M. and Mizumori, S. J. Y. (2006). 'Hippocampal place cells, context, and episodic memory'. *Hippocampus*, 16, 716-729.

Suddendorf, T. (2013). 'Mental time travel: continuities and discontinuities'. *Trends in Cognitive Sciences*, 17, 151-152.

第五章　在别人的思想中畅游
Bloom, P. (2004). *Descartes' Baby: How the Science of Child Development Explains What Makes Us Human*. New York: Basic Books.

Call, J. and Tomasello, M. (2008). 'Does the chimpanzee have a theory of mind? 30 years later', *Trends in Cognitive Sciences*, 12, 187-192.

Darwin, C. (1872). *The Expression of the Emotions in Man and Animals*. London: John Murray.

de Waal, F. B. M. (2012). 'The antiquity of empathy'. *Science*, 336, 874-876.

Grandin, T. and Johnson, C. (2005). *Animals in Translation: Using the Mysteries of Autism to Decode Animal Behavior*. New York: Scribner.

Hare, B. and Woods, V. (2013). *The Genius of Dogs: How Dogs are Smarter than You Think*. London: Oneworld Publications.

Humphrey, N. (1976). 'The social function of intellect'. In P. P. G. Bateson and R. A. Hinde (eds), *Growing Points in Ethology* (pp. 303-317). Cambridge, UK: Cambridge University Press.

Kovács, A. M., Téglás, E. And Endress, A. D. (2011). 'The social sense: Susceptibility to others' beliefs in human infants and adults'. *Science*, 330, 1830-1834.

Laing, R. D. (1970). *Knots*. London: Penguin.

Marks, D. F. and Kammann, R. (1980). *The Psychology of the Psychic*. Buffalo, NY: Prometheus Books.

Premack, D. And Woodruff, G. (1978). 'Does the chimpanzee have a theory of mind?'. *Behavioral and Brain Sciences*, 1, 515-526.

Radin, D. I. (2006). *Entangled Minds:Extrasensory Experiences in a Quantum Reality*. New York: Paraview Pocket Books.

Randi, J. (1982). *The Truth About Uri Geller*. New York: Prometheus Books.

Suddendorf, T. (2013). *The Gap: The Science of What Separates Us from Other Animals*. New York: Basic Books.

Suddendorf, T. and Corballis, M. C. (1997). 'Mental time travel and the evolution of the human mind'. *Genetic, Social, and General Psychology Monographs*, 123, 133-167.

Taylor, M. (1999). *Imaginary Companions and the Children Who Create Them*. New York: Oxford University Press.

Whiten, A. And Byrne, R. W. (1988). 'Tactical deception in primates'. *Behavioral and Brain Sciences*, 11, 233-273.

Wimmer, H. and Perner, J. (1983). 'Beliefs about beliefs: Representation and constraining function of wrong beliefs in young children's understanding of deception'. *Cognition*, 13, 103-128.

第六章　故事：叙事创造了人类

Abrahams, R. D. (1970). *Deep Down in the Jungle: Negro Narrative Folklore from the Streets of Philadelphia*. Chicago: Aldine.

Bateson, G. (1982). 'Difference, double description and the

interactive designation of self'. In F. Allan Hanson (ed.), *Studies in Symbolic and Cultural Communication* (pp. 3-8). University of Kansas Publications in Anthropology No. 14. Lawrence: University of Kansas Press.

Boyd, B. (2009). *On the Origin of Stories: Evolution, Cognition, and Fiction*. Cambridge, MA: Belknap Press of Harvard University Press.

Corballis, M. C. (2002). *From Hand to Mouth: The Origins of Language*. Princeton: Princeton University Press.

Dunbar, R. I. M. (1998). *Grooming, Gossip, and the Evolution of Language*.

Cambridge, MA: Harvard University Press.

Engel, S. (1995). *The Stories Children Tell: Making Sense of the Narratives of Childhood*. New York: W. H. Freeman.

Janet, P. (1928). *L'Évolution de la mémoire et de la notion du temps: Leçons au Collège de France 1927-1928*. Paris: Chahine.

Kidd, D. C. and Castano, E. (2013). 'Reading literary fiction improves theory of mind'. *Science*, 342, 377-380.

Mechling, J. (1988). '"Banana cannon" and other folk traditions between humans and nonhuman animals'. *Western Folklore*, 48, 312-323.

Niles, J. D. (2010). *Homo Narrans: The Poetics and Anthropology of Oral Literature*. Philadelphia: University of Pennsylvania Press.

Salmond, A. (1975). 'Mana makes the man: A look at Maori oratory and politics'.

In M. Bloch (ed.), *Political Language and Oratory in Traditional Society* (pp. 45-63). New York: Academic Press.

Savage-Rumbaugh, S., Shanker, S. G. and Taylor, T. J. (1998). *Apes, Language, and the Human Mind*. New York: Oxford University

Press.

Sugiyama, M. S. (2011). 'The forager oral tradition and the evolution of prolonged juvenility'. *Frontiers in Psychology*, 2, Article 133.

Thompson, T. (2011). 'The ape that captured time: Folklore, narrative, and the human-animal divide'. *Western Folklore*, 69, 395-420.

Trinkaus, E. (2011). 'Late Pleistocene adult mortality patterns and modern human establishment'. *Proceedings of the National Academy of Sciences USA*, 108, 1267-1271.

Turton, D. (1975). 'The relationship between oratory and the emergence of influence among the Mursi'. In M. Bloch (ed.), *Political Language and Oratory in Traditional Society*. New York: Academic Press.

第七章 夜之虎：走进弗洛伊德的世界

Darwin, C. (1872). *The Expression of the Emotions in Man and Animals*. London: John Murray.

Foulkes, D. (1999). *Childeren's Dreaming and the Development of Consciousness*. Cambridge, MA: Harvard University Press.

Fox, K. C. R., Nijeboer, S., Solomonova, E., Domhoff, G. W. and Christoff, K. (2013). 'Dreaming as mind wandering: Evidence from functional neuroimaging and first-person content reports'. *Frontiers in Psychology*, 7, Article 412.

Freud, S. (1900). *The Interpretation of Dreams*. New York: Macmillan.

Hobson, J. A. (2009). 'REM sleep and dreaming: Towards a theory of protoconsciousness'. *Nature Reviews Neuroscience*, 10, 803-813.

Honikawa, T., Tamaki, M., Miyawaki, Y. and Kamitani, Y. (2013). 'Neural decoding of visual imagery during sleep'. *Science*, 340, 630-642.

Revonsuo, A. (2000). 'The reinterpretation of dreams: An evolutionary hypothesis of the function of dreaming'. *Behavioral and Brain Sciences*, 23, 877-901.

Saurat, M.-T., Agbakou, M., Attigui, P., Golmard, J.-L. and Arnulf, I. (2011). 'Walking dreams in congenital and acquired paraplegia'. *Consciousness and Cognition*, 20, 1425-1432.

Valli, K. and Revonsuo, A. (2009). 'The threat simulation theory in light of recent empirical evidence: A review'. *American Journal of Psychology*, 122, 17-38.

Wamsley, E. J. and Stickgold, R. (2010). 'Dreaming and offline memory processing'. *Current Biology*, 20(23), R1010.

第八章 幻觉：常规生活之外的意识边界

James, W.(1902). *The Varieties of Religious Experience: A Study in Human Nature*, London: Longmans, Green & Co.

Jaynes, J. (1976). *The Origin of Consciousness in the Breakdown of the Bicameral Mind*. New York: Houghton Mifflin.

McGilchrist, I. (2009). *The Master and his Emissary: The Divided Brain and the Making of the Western World*. New Haven, CT: Yale University Press.

Penfield, W. and Perot, P. (1963). 'The brain's record of auditory and visual experience'. *Brain*, 86, 596-696.

Rosenhan, D. L. (1973). 'On being sane in insane places'. *Science*, 179, 250-258.

Sacks, O. (2012). *Hallucinations*. New York: Random House.

Sireteanu, R., Oertel, V., Morh, H., Linden, D. and Singer, W. (2008). 'Graphical illustration and functional neuroimaging of visual hallucinations during prolonged blindfolding'. *Perception*,37,1805-1821.

Vitorovic, D. and Biller, J. (2013). 'Musical hallucinations and forgotten tunes-case report and brief literature review'. *Frontiers in Neurology*, 4, Article 109.

Waugh, E. (1957). *The Ordeal of Gilbert Pinfold*. London: Chapman & Hall.

Zubek, J. P. (ed.)(1969). *Sensory Deprivation: Fifteen Years of Research*. New York: Meredith.

第九章 思想游走的创造力

Baird, B., Smallwood, J., Mrazek, M. D., Kam, J. W. Y., Franklin, M. S. and Schooler, J. W. (2012). 'Inspired by distraction: Mind wandering facilitates creative incubation'. *Psychological Science*, 23, 1117-1122.

Campbell, D. T. (1960). 'Blind variation and selective retention in creative thought as in other knowledge processes'. *Psychological Review*, 67, 380-400.

Corballis, M. C. (1999). 'Are we in our right minds?'. In S. Della Sala (ed.), *Mind Myths: Exploring Popular Assumptions About the Mind and Brain*(pp.25-42). Chichester: John Wiley & Sons.

de Bono, E. (1995). 'Serious creativity'. *The Journal for Quality and Participation*, 18, 12-19.

De Quincey, T. (1822). *Confessions of an English Opium-Eater*. London: Taylor & Hessey.

Edwards, B. (1979). *Drawing on the Right Side of the Brain*. New York: Penguin Putnam.

Ellamil, M., Dobson, C., Beeman, M. And Christoff, K.(2012). 'Evaluative and generative modes of thought during the creative process'. *NeuroImage*, 59, 1783-1794.

Huxley, A. (1954). The Doors of Perception. London: Chatto & Windus.

Jung, R. E., Mead, B. S., Carrasco, J. and Flores, R. E. (2013). 'The structure of creative cognition in the human brain'. *Frontiers in*

Human Neuroscience, 7, Article 300.

Leary, T. (1983). *Flashbacks: A Personal and Cultural History of an Era.* Los Angeles: Tarcher.

Lucas, V. [Plath, S.] (1963). *The Bell Jar.* London: Heinemann.

Moore, D. W., Bhadelia, R. A., Billings, R. L., Fulwiler, C., Heilman, K. M., Rood, K. M. J. and Gansler, D. A. (2009). 'Hemispheric connectivity and the visual-spatial divergent-thinking component of creativity'. *Brain and Cognition*, 70, 267-272.

Mintzberg, H. (1976). 'Planning on the left side and managing on the right'. *Harvard Business Review*, 54, 49-58.

Ornstein, R. E. (1972). *The Psychology of Consciousness.* New York: Harcourt Brace.

Sagan, C. (1977). *The Dragons of Eden: Speculations on the Evolution of Human Intelligence.* New York: Random House.

Sperry. R. W. (1982). 'Some effects of disconnecting the cerebral hemispheres'. *Science*, 217, 1223-1226.

Stevenson, R. L. (1886). *Strange Case of Dr Jekyll and Mr Hyde.* London: Longmans, Green & Co.

译名对照表

acetycholine　乙酰胆碱

Aché people　亚契人

Altjira　奥特基拉

amnesia　失忆症

amphetamine　安非他命

Aotearoa　奥特亚罗瓦

Artane　安坦

Asperger syndrome　阿斯伯格综合征

baryon　重子

Bell's theorem　贝尔定理

belladonna　颠茄碱

bonobo　倭黑猩猩

bromide　溴化钾

Bull of Heaven　天之公牛

calcar avis　禽距

Charles Bonnet syndrome　邦纳症候群

chimpanzee　黑猩猩

chloral hydrate　水合氯醛

chromosome　染色体

cold-sore virus　唇疱疹病毒

corpus callosum　胼胝体

deactivation　惰化

default-mode network　默认模式网络

delirium tremens　震颤性谵妄

duality　二元性

early Pleistocene　早更新世

earworms　耳朵虫

electroencephalography　脑电图学

electroencephalog-raphy, EEG　脑电描记法

Enkidu　恩奇都

experiential responses　经验性反应

extrasen-sory perception, ESP　超感知觉

frontal lobe　额叶

functional magnetic resonance imaging, fMRI 功能性磁共振成
　　像技术

Gilgamesh　吉尔伽美什

haemoglobin　血红蛋白

hallucinogen　致幻剂

Hawaiki　哈瓦基

herpes simplex　单纯性疱疹

Higgs boson　希格斯玻色子

high-function autism　高功能自闭症

hippocampus　海马体

hippocampus minor　小海马

Homo　人属

Homo narrans　叙事人

Homo sapiens　智人

Humbaba　洪巴巴

hypnagogic hallucinations　睡前幻觉

immediate present Me　当前自我

intentional stance　意向立场

intractable epilepsy　顽固性癫痫

Ishtar　伊什塔尔

Jicarilla Apache　吉卡里拉阿帕切

Korsakoff syndrome　柯萨科夫综合征

Kurdish　库尔德

Lola ya Bonobo　倭黑猩猩天堂

long-term potentiation　长时程增强

lucid dreams　清醒梦

lysergic acid diethylamide, LSD　麦角酸二乙基酰胺

manic-depressive psychosis　狂躁型抑郁精神病

Māori　毛利人

Maui 毛伊

Me of the past 过去自我

mescal 麦司卡林

Meson 介子

method of loci 轨迹记忆法

mind-blindness 精神性盲

mirror-tracing 镜描

monoaminergic systems 单胺能系统

montage 蒙太奇

Morgan's canon 摩根法规

MRI 核磁共振扫描仪

Mursi 穆尔西人

Neanderthal 尼安德特人

nerve impulses 神经脉冲

neuron 神经元

neurotransmitter 神经递质

non-rapid eye movement, NREM 非快速眼动睡眠

nucleotide 核苷酸

paranoia 妄想症

parietal lobe 顶叶

peyote 佩奥特掌

Pirahã 毗拉哈人

Pleistocene 更新世

positron emission tomography, PET　正电子发射型计算机断层显像

possible selves　可能的自我

potential social Me　潜在的社会自我

prefrontal lobe　脑前额叶

Quaker religion　贵格会

quantum mechanic　量子力学

quark　夸克

rapid eye movement, REM　快速眼动睡眠

savant syndrome　学者综合征

schizophrenia　精神分裂症

sense of a presence　存在感知

sensory deprivation　感觉剥夺

sharp-wave ripples　尖波涟漪

single cell　单细胞

stuck song syndrome　魔音绕耳综合征

subatomic particle　次原子粒子

synaesthete　联觉者

synapse　突触

Te Ika a Maui　毛伊之鱼

Te Punga a Maui　毛伊的锚

Te Waka a Maui　毛伊的独木舟

telepathy　心灵感应

telomere　染色体端粒

temporal lobe　颞叶

Walpiri　沃皮瑞